花
千
樹

血液狂想

走 進 血 液 的 世 界

史 丹 福 著

目錄

第三樂章
血液中的衛兵及它們的叛變

代序

　　血液系統與人體息息相關，但它是一個十分神秘的系統。它不像肺部、心臟、肝臟等可以清楚看見，再不然用X光、心電圖、超聲波的方法都可以細心窺看這些器官的內裡狀況和運作細節。但血液系統並不是這樣，要看見血液裡血細胞的真面目，非要用顯微鏡觀察不可，要知道它各種運作的細節，非要靠複雜的檢驗不可，還要懂得分析那些複雜的數據，才會明白當中的端倪。說到這裡，大家可以想像血液科的知識其實是十分抽象，就連一個普通科的醫生都未必容易明白，更遑論沒有醫學訓練的普羅大眾？但在血液病理科受訓的作者史丹福醫生，將血液科的專門知識深入淺出地講解明白，講解得十分生動，令沒有醫學背景的市民大眾也能明白血液科的知識。本書不但帶給大眾醫學知識，還輔以不少歷史的資料，令這本書的可讀性更高。

　　一些知名的電影小說的主角，如《同一屋簷下》、《藍色生死戀》的主角罹患血癌，令這些電影的故事情節更淒美、動人。市民大眾對血癌的認知大概只從電影中得到，而它對普羅大眾而言仍是一種很神秘的疾病。作者史丹福用了生動的文筆，深入淺出地講解血癌這疾病的診斷方法和治療的新發展，輔以精美的顯微

鏡照片,將這神秘的疾病呈現在讀者眼前,定必可以令大家更了解這疾病和最新的治療發展。

　　我想看到這裡,讀者已急不及待要細閱本書的內容。市面上很少有高質素的科普書籍去講解血液學的內容,本書絕對是一本高質素的血液學科普書籍。

冼振鋒醫生

血液病理科專科醫生
香港大學病理學系助理教授

代序

血是甚麼？

以往我以為血液只是在體內流動的紅色液體，最多也只是分作 A、B、AB 及 O 型血的循環系統，輸送氧氣以維持身體器官運作，自己也沒作甚麼深入了解。直至數年前，無意中在 Facebook 看到了史丹福醫生的博文，加上另一半投身醫療行業，看多了、聽多了，也了解多了，才逐步知道我眼中的「紅色液體」其實並不簡單。

人類對於血液的了解，由最初充滿神秘色彩，後來的古希臘人提出的體液學說，到現代科學對於血液和生理機制的了解，一切都是依靠哲學家、醫學科學家歷年來不畏禁忌及恐懼，抱著好奇的心，將知識從無數有趣且可怕的案例中累積而成。

透過不同歷史故事、醫療懸案，史丹福醫生在《血液狂想曲 1》中，以淺白文字清楚解說血液的奧秘：血於脾臟有甚麼用？古希臘人眼中的血液，是甚麼一回事？為甚麼明明是屬於「缺陷」的鐮刀型紅血球，卻可預防殺人無數的蚊媒疾病瘧疾？又是甚麼導致英王喬治三世晚年時出現怪病，令他在王宮狂奔，

或與石頭談話？

　　前人不斷追查那些對常人毫不起眼但重要的蛛絲馬跡，慢慢增加我們對血液的了解，而他們逐點累積的醫療成果，也為我們譜下一章章的精彩血液「狂想曲」。

何敏輝

《立場新聞》科學版編輯

自序

《血液狂想曲1》是一本介紹血液學的科學普及作品。

喜愛寫作的醫生很多，也許是因為醫學本身就是一門擁有濃濃人文氣色的學科。我翻看市面上的醫生著作，種類五花八門，有非常實用的醫學工具書，有勾畫醫生工作日常的小故事，有談及醫患關係的心靈雞湯，但以科普角度出發的著作則是少之又少。然而我卻對科普書籍情有獨鍾。我覺得科普是知識與娛樂的結合，既可以滿足我們的好奇心與對知識的渴望，又可以作為一種生活中的調劑。世界很大，我們不可能學懂世上所有的科學知識，但透過科普書籍，我們至少可以對不同的科學領域有基本的認識，理解到世界如何運作，更重要的是培養一顆對科學的好奇心，並學會科學的思考方法，可以分辨真偽，不會被錯誤的邏輯所騙。

我從小就是一個科學迷。就如大部分的科學迷一樣，我對科學的喜愛都是從閱讀科普書開始的。《十萬個為甚麼》系列是我的科學啟蒙，霍金的《時間簡史》帶領我在時空中穿梭，費曼的《費曼物理學講義》使我一股腦子地闖進了物理學的世界，伽莫夫的《從一到無窮大》引導我從數學開始漫遊到物理、天文、生

物學的領域，華生的《雙螺旋》把一個比動作電影更緊張刺激、爭分奪秒的科研戰場帶到我面前⋯⋯

　　因此我從小時候開始，就一直很想擁有一本屬於自己的科普書，向大眾推廣我喜歡的科學知識。後來我在大學加入了醫學會學生報《啟思》的編輯委員會，之後又開設了「史丹福狂想曲」的博客及 Facebook 專頁，並在《立場新聞》的科學版投稿，在不同的平台分享我的科普文章。這次有幸得到花千樹出版社的邀請出版這書，達成了我童年的夢想，實在是非常感恩。

　　科學普及有兩大特質，一是知識的準確，二是大眾化，缺一不可。要拿捏到兩者間的平衡是不容易的。著名物理學家費曼就曾經說過，「我沒法把理論簡化成一年級可以理解的程度。這代表我們其實仍不明白它。」把深奧的理論簡化成一般人可以理解的程度，其實是很考作者對該課題的理解。我在撰文的時候，時常都發現自己對某些理論理解得不夠透徹，要再看更多的參考書籍或文章。因此寫這書其實是一個教學相長的過程，我覺得自己的知識也從中長進了不少。

　　為了令讀者對較為深奧的醫學知識產生興趣，我嘗試為每個

想介紹的課題都加入一個引人入勝的切入點，包括醫學歷史、故事、冷知識、自身經驗，甚至是為歷史人物診症。我希望沒有受過醫學訓練的大眾會被這個有趣的世界所吸引，而即使受過專業血液學訓練的人都仍然可以在這書中找到娛樂及學到新的東西，例如教科書沒有涉獵的醫學史或冷知識。

至於為甚麼我選擇介紹血液學呢？最主要的原因當然是因為我於這領域受訓。但其實除此之外，血液學本身就是一門非常有趣的學科。

首先，它與我們的日常生活息息相關。例如大家做身體檢查時一定試過抽血驗全血細胞分析（complete blood count）檢查，這是最基本的血液檢查。當中每個指標代表甚麼呢？指標過高或過低又反映了甚麼身體問題呢？又例如貧血是年輕女士常見的血液問題，為甚麼她們特別容易得到這毛病呢？又該如何處理？我相信很多讀者朋友都會有興趣知道的。

另外，血液學是一門站在科學前沿的學科。不少最新的科學知識及技術都應用在血液學中，例如次世代定序（next generation sequencing）、新型的流式細胞技術（flow cytometry）、幹細胞研究、免疫療法、基因療法等。因此學習

血液學就像是站在最高的科學巨人肩膀上，看到最遠最美麗的風景，既刺激又令人著迷。

最後，我覺得血液學是一門充滿美感的學科。醫學的領域有很多，但大概只有血液學是如此的色彩繽紛、絢麗奪目的。我就曾經見過有外國網站是專門售賣以血液細胞做主題的藝術作品，兩者結合毫無違和感。我特意在這本書中加插了大量的周邊血液與骨髓抹片，就是為了令大家可以感受一下這個五光十色的燦爛世界。

血液學的範圍很廣闊，從貧血症、血液癌症，到凝血、血栓、捐血及輸血，都是血液學的重要分支。由於篇幅關係，今次只能為大家介紹紅血球疾病與血液癌症的知識，其他的部分也許要留待之後的作品再作詳談。

最後，我想藉此機會感謝編輯團隊的努力，及對我寫作進度緩慢的體諒。我也想感謝所有支持及鼓勵我進行科普寫作的人。如果沒有你們的支持，《血液狂想曲1》是不可能成功出版的。

史丹福

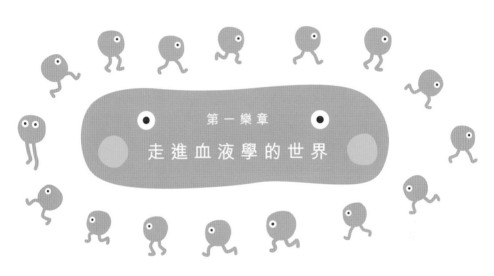

第一樂章

走進血液學的世界

血液的古與今

血，從來都是又神秘又令人著迷的東西。

血，在世界各地的文化中都佔有舉足輕重的地位。血，象徵著英勇與忠誠，家族與承傳，卻也意味著戰爭與傷亡。

在古希臘醫學中，血、痰、黑膽汁和黃膽汁這四種體液分別對應氣、水、土和火這四種希臘古典元素，而血液在四種體液中佔了主導地位。四種體液平衡，身體就會健康。

在中國傳統醫學中，血和氣是生命的兩大基本物質。當中，氣無形，血有形，氣屬陽，血屬陰。所以在中醫文獻當中，常常氣血並稱。

但在現代醫學的角度下，血又是甚麼呢？

如果以國家來比喻人體的話，血液就是位非常剛陽的男子漢。他既要負責「擔擔抬抬」的運輸工作，把氧氣和各種養分帶到身體各部位並把廢物移走；又要負責「保衛家園」的免疫功能，殺死病原體與癌細胞。血液的其他功能包括止血及控制體溫等。

把血液放進試管內進行離心（centrifugation），就可以把它分成幾層液體，由上至下分別是黃色的血漿（plasma）、白色的白膜層（buffy coat）與紅色的血球層（erythrocyte layer）（圖 1.1.1）。血漿中絕大部分是水，而血漿蛋白（plasma protein）、葡萄糖（glucose）、無機鹽離子（mineral）、賀爾蒙（hormone）及二氧化碳

圖 1.1.1 經離心後的血液（紅色箭嘴：血漿；藍色箭嘴：血球層。白膜層很薄，在圖片中並不明顯。）

（carbon dioxide）等物質都溶解在血漿中。白膜層包括了白血球（white blood cell）與血小板（platelet）。血球層則是由紅血球（red blood cell）組成。

顯微鏡下的血液

讓我們把一滴血液放在顯微鏡下，再放大一點看看血液的成分（圖 1.1.2）。顯微鏡下的血液是一個美麗的花花世界，五光十色，美不勝收，令人目不暇給。

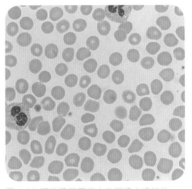

圖 1.1.2 顯微鏡下正常人的周邊血液抹片

這是顯微鏡下正常人的周邊血液抹片（peripheral blood smear），即血管中的血液抹片，請大家細心欣賞。

最先映入眼簾的大概是一顆顆紅色的小球，它們就是紅血球，是運送氧氣及移除二氧化碳的使者。

而大家見到帶有紫色細胞核（nucleus）的細胞就是白血球，它們是對付病原體及癌細胞的免疫細胞。其實白血球並不是紫色的，而是透明的，只不過在觀察的時候，化驗師會加入染料為細胞上色，方便分辨出不同的細胞。白血球的細胞核中被上色的部分是染色質（chromatin），它們是DNA與蛋白質的複合物，是構成染色體（chromosome）的成分。而紅血球並沒有細胞核，故不會受染料影響改變顏色。

正常血液裡的白血球分為五種，分別是嗜中性白血球（neutrophil）、淋巴球（lymphocyte）、單核球（monocyte）、嗜酸性白血球（eosinophil）及嗜鹼性白血球（basophil）。

很難記吧？不用擔心，醫學知識很多時候都非常繞口難記，所以習醫之人都愛用口訣幫助記憶。其中一個流傳多時，可以幫助大家記得五種白血球名稱的口訣是：「Never Let Mother Eat Babies」。不過這口訣似乎太暴力，所謂「虎毒不吃兒」，會傷害自己兒女的母親實在令人無法接受。於是我又自行設計了另一個口訣，「Never Let Minions Eat Bananas」，因為迷你兵團Minions太過喜愛香蕉，看見香蕉就會興奮過頭四處搞蛋，這個口

訣就可愛且合家歡得多。不管是哪一個口訣，都是取了五種白血球英文名稱的第一個字母，根據它們在血液中的數量，由最多至最少排列：

Never：Neutrophil（嗜中性白血球）

Let：Lymphocyte（淋巴球）

Mother / Minions：Monocyte（單核球）

Eat：Eosinophil（嗜酸性白血球）

Babies / Bananas：Basophil（嗜鹼性白血球）

嗜中性白血球（圖 1.1.3）是血液入面數量最多的白血球。它們的細胞核分成數塊葉，一般是二至五塊，中間由幼絲般的細胞核物質連起來。細心觀察的話，會發現它們的細胞質（cytoplasm）中有著橙紅色的微小顆粒。嗜中性白血球負責進行吞噬作用（phagocytosis），把入侵者（主要是細菌及真菌）吞掉。如果我們身體的免疫系統是一支軍隊的話，那麼嗜中性白血球就是士前卒，負責守衛第一道防線。嗜中性白血球的吞噬作用對病毒沒有作用，那病毒由誰來對付呢？

淋巴球（圖 1.1.4）是血液中數量第二多的白血球，它們的形態相對簡單，細胞核圓圓的，細胞質又沒有甚麼明顯的特徵。淋巴球的外觀雖然簡單，但「細胞不可以貌相」，它們在功能上可是五花八門，變化多端。淋巴球可以再細分為 B 細胞、T 細胞及 NK 細胞，它們分工合作，各司其職，有的負責製造抗體（antibody），有的負責擊殺被病毒感染的細胞或者癌細胞，有的

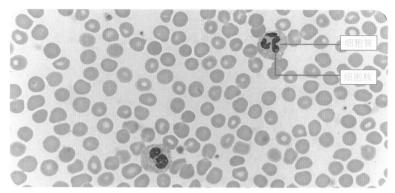

細胞質

細胞核

圖 1.1.3 嗜中性白血球

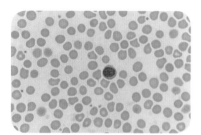

圖 1.1.4 淋巴球

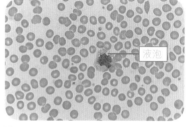

液泡

圖 1.1.5 單核球

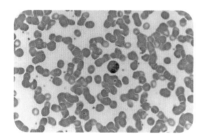

圖 1.1.6 嗜酸性白血球

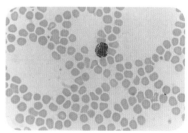

圖 1.1.7 嗜鹼性白血球

負責協助其他免疫細胞進行攻勢。總之它們是一組非常有組織又非常複雜的細胞，三種淋巴球對身體都很重要，缺一不可。

單核球（圖 1.1.5）是五種白血球中體積最大的，而且形態也相對多變。最典型的單核球有一個凹陷的細胞核，與我們腎臟的形狀有點相似。然而，單核球也經常出現其他模樣的細胞核。單核球的染色質較其他白血球通透，像是「蕾絲」般。它的細胞質呈灰藍色，偶爾帶有液泡（vacuole）。單核球與嗜中性白血球一樣都會進行吞噬作用，它們更會走到身體組織中分化成巨噬細胞（macrophage）家族，把免疫細胞與病原體的戰線從血液帶到身體組織中，繼續作戰。

嗜酸性白血球（圖 1.1.6）的細胞核分成兩塊葉，而它最顯眼的特徵莫過於其細胞質中粗粗的橙紅色顆粒。嗜酸性白血球的主要作用是對抗寄生蟲感染及激發過敏反應。

嗜鹼性白血球（圖 1.1.7）是五種白血球中數量最少的，要在血液中找到它的蹤影需要點耐性，也需要點運氣。嗜鹼性白血球的細胞核也是分成兩塊葉，但它細胞質中粗粗的紫藍色顆粒實在是非常搶眼，有時候甚至會把細胞核遮住了。嗜鹼性白血球的功能也與過敏反應相關。

白血球	特徵	作用
嗜中性白血球	細胞核分成二至五塊葉 細胞質有橙紅色的微小顆粒	吞噬作用
淋巴球	圓圓的細胞核 可以細分為 B 細胞、T 細胞及 NK 細胞	製造抗體 擊殺被病毒感染的細胞或癌細胞 協助其他免疫細胞進行攻勢
單核球	體積最大的白血球 形態多變，典型的有一個凹陷的細胞核 染色質較通透 細胞質呈灰藍顏色，偶爾帶有液泡	吞噬作用 分化成巨噬細胞，把免疫細胞與病原體帶到身體組織
嗜酸性白血球	細胞核分成兩塊葉 細胞質有粗粗的橙紅色顆粒	對抗寄生蟲感染及激發過敏反應
嗜鹼性白血球	細胞核分成兩塊葉 細胞質有粗粗的紫藍色顆粒	與發炎反應及過敏反應有關

表 1.1.1　五種白血球的特徵及作用

　　細心的讀者大概留意到，抹片除了紅血球及白血球這兩種很吸引眼球的細胞外，其實背景中還有些很低調的小個子，大家一不留神可能就會看漏眼了。這些如塵一般，低調地在背景中埋藏的小細胞，就是血小板。它們負責止血，每當血管有破損的時候，它們都會快速出動堵塞缺口。

　　血液的世界錯綜複雜，環環相扣，令人眼花撩亂，就恍似一首精彩的狂想曲。剛剛的介紹只不過是狂想曲的序曲，史丹福將

會擔任《血液狂想曲1》的指揮，在接下來的樂章中，帶領大家走進血液學的世界。

血液小趣聞　　血液學的「入職條件」

血液學中有一個半開玩笑的說法，就是在聘請新人入行的時候，一定要考考他們認不認得出嗜酸性白血球那特殊的橙紅色顆粒，測驗一下他認顏色的能力。否則聘請過後才發現原來他有色盲，那就相當不幸了。

把血液放在顯微鏡下的巨人

偉大的物理學家牛頓（Isaac Newton, 1642-1727）曾經說過：「如果說我看得比別人更遠，那是因為我站在巨人的肩上。」每一門科學的興起，都是建基於多位「巨人」作出的貢獻。

顯微鏡痴雷文霍克

血液在古代醫學中充滿神秘色彩，跟「科學」二字是風馬牛不相及的。把血液帶進現代科學，為血液學燃點起科學火種的契機，就是顯微鏡的出現。

要知道誰是第一個在顯微鏡下觀察血液的人並不容易，但我們知道其中一個最早觀察而又記錄了自己發現的人是雷文霍克（Antoni van Leeuwenhoek, 1632-1723）。雷文霍克的大名，相信大家都已在生物課中聽過，他是世上第一個發現微生物的人。誰不知，雷文霍克的發現不止有微生物，他也是最早觀察到精子、肌肉纖維及紅血球的人。

雷文霍克是一個「顯微鏡痴」，他有一門獨特的磨玻璃手藝。憑著這門得天獨厚的絕技，他製造了當時最好的顯微鏡。雷文霍克是一個不折不扣的探險者，他對顯微鏡下的一切都有著無窮的

好奇心，他終其一生都在樂此不疲地把不同的東西放在顯微鏡下觀察。雷文霍克從來沒有受過正統的科學教育，但他卻用顯微鏡做到了最偉大的科學發現。

他在 1675 年寄了一封信給物理學家惠更斯（Christiaan Huygens, 1629–1695），信中記錄了自己的發現。他寫到：「這些正常人體內的『血小球』一定是非常易變形又易折的，這樣它們才可以穿過微血管。它們會在穿過時變成橢圓形，之後離開微血管才回復原本的形狀。」這些描述即使以今天的標準來看，也是頗為準確的。

「血液學之父」休森

但雷文霍克即使多次觀察紅血球，但他始終都相信紅血球是球狀的。這個概念最後被號稱「血液學之父」的休森（William Hewson, 1739–1774）所推翻。

以今時今日的角度來看，外科與血液學是「大纜都扯唔埋」的兩門學問，但休森這位「血液學之父」卻偏偏是一名外科醫生。

休森觀察到紅血球嚴格來說其實並不是一個「球」，而是扁的，而且中間部分與周邊部分也不是平均分佈。休森最初用的顯微鏡很粗糙，令他以為紅血球中間部分有一顆細胞核。經過較精確的觀察後，最終他發現紅血球是「雙凹形」（biconcave）的，

中間部分凹了入去。這個自然界的設計令紅血球的表面面積增加，令氧氣可以更快透過紅血球的薄膜擴散，從而增加它運送氧氣的速度。因此紅血球非常適合用於運輸氧氣的工作。

休森又觀察到一些透明的血細胞，但由於當年沒有使用染料為細胞上色的技術，休森並不能詳細地研究這些細胞，他認為這些細胞來自淋巴系統，然後走到血液裡。這些細胞當然就是我們熟悉的白血球，我們現在知道白血球是來自骨髓的，但其中的淋巴球的確會走到淋巴系統中幫助免疫，所以休森的推論以當時的知識來說已經是非常不錯。

休森除了觀察到紅血球的雙凹形與白血球外，也有很多其他血液學發現，例如他發現造成凝血的物質是血清中的纖維蛋白原（fibrinogen）而不是當時普遍相信的血細胞。他又研究過淋巴系統及脾臟的功用，增進了我們對它的認識，真不愧為「血液學之父」。

「染料狂迷」埃爾利希

但休森多厲害也好，他的觀察是原始的，是單調的。在休森之後的百多年，在十九世紀末，終於有一位「染料狂迷」把染色法帶到血液學中，為顯微鏡下的世界帶來萬紫千紅的新色彩。這位「染料狂迷」名叫埃爾利希（Paul Ehrlich, 1854–1915）。

　　埃爾利希還是醫學生的時候已經對染料很有興趣,特別是苯胺染料(aniline dye)。使用這些染料,他已經可以分辨出大部分的白血球。他用的酸性染料、鹼性染料與中性染料分別幫他辨認到嗜酸性白血球、嗜鹼性白血球及嗜中性白血球細胞質中的顆粒。他又準確地描述了這幾種白血球的特性,並且為它們命名。他使用的命名方式相當準確,在經過稍稍改良之後就一直沿用至今。

　　除了血液之外,埃爾利希甚至直抵血細胞的出生地——骨髓。他不但認得出紅血球的「祖先」,甚至完整地描寫出紅血球成熟的過程。

　　不過雖然他研究過很多白血球,他最愛的卻是一種由他全新發現的細胞。這種細胞有很多粗大的嗜鹼性顆粒,就像是「墨屎」,把整粒細胞都遮掩著。他覺得這些細胞應該有足夠的營養,生長得又肥又大,所以就把它們命名為肥大細胞(mast cell)(圖1.2.1)。當時埃爾利希對肥大細胞的作用並不清楚,只覺得它與嗜鹼性白血球很相似。現時我們知道肥大細胞是敏感症的源頭,當 IgE 抗體與肥大細胞結合,肥大細胞就會釋放出顆粒中的組織胺(histamine),造成那討人厭的敏感症狀(詳見第1.3篇〈走進血液細胞的工廠——骨髓〉)。

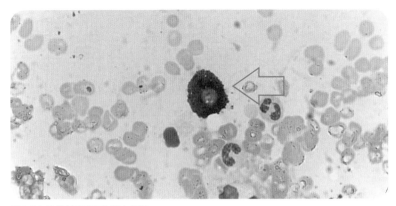
圖 1.2.1 埃爾利希發現的肥大細胞

埃爾利希也曾向德國的細菌學巨頭，1905 年諾貝爾生理學或醫學獎得主科赫（Robert Koch, 1843–1910）展示了一個為結核桿菌上色的方法，幫助他研究結核病。

埃爾利希對染料的狂熱遠遠不止在血液學或病理學，染料可以說是完全改變了他的人生價值觀。他想到「染料可以只漂染特定的組織，是因為它們有一個側鏈（side-chain），與被漂染的物質相對應。那麼細胞也應該有個『側鏈』，與抗體相對應，所以抗體只會與特定的組織結合」。這個「側鏈理論」是最早解釋抗體與免疫力關係的理論，當然我們現時知道這個理論並不是完全準確，但它也為埃爾利希贏得了 1908 年的諾貝爾生理學或醫學獎。

埃爾利希又覺得「既然染料可以只漂染特定的組織,那麼必然有一種染料可以只漂染細菌。如果這種只漂染細菌的染料是有毒的話,它就只會毒死細菌,而不會傷害其他組織」。憑著這個信念,埃爾利希研發了對梅毒螺旋體有效的撒爾佛散(Salvarsan),成了世上第一種抗生素。

吞噬細胞的探索者梅奇尼科夫

既然介紹了埃爾利希,自然不得不介紹埃爾利希的死對頭,同樣獲得 1908 年諾貝爾生理學或醫學獎的俄國科學家梅奇尼科夫(Élie Metchnikoff, 1845–1916)。

梅奇尼科夫生於一個微生物學風靡全球的時代,有鑑於巴斯德(Louis Pasteur, 1822–1895)及科赫兩位微生物學巨人的成功,他也決心要做一個微生物學的探險者。

但命運往往不到自己選擇,令梅奇尼科夫揚名立萬的卻是一個關於海星的研究。海星的幼蟲像玻璃一樣透明,在顯微鏡下可以清楚看到牠們體內的情況,他發現海星體內有一種細胞像變形蟲一般,可以自由在體內游走。當梅奇尼科夫把幾個紅色的小顆粒放在海星體內,他發現這些細胞竟然會自動走近顆粒,然後把它們吞掉。他又嘗試把玫瑰花的刺插在海星體內,結果發現玫瑰刺周圍滿佈這種特別的細胞。他於是把這種會吞掉小顆粒的細胞命名為「吞噬細胞」(phagocyte)。

梅奇尼科夫也正確地推斷出吞噬細胞是免疫系統的一部分，用來對抗外來的入侵者，例如細菌。

現代的生物學知識令我們知道，吞噬細胞分為幾種，在血液入面最豐富的是嗜中性白血球，其次是單核球。單核球可以走進不同的身體組織中，發展成為巨噬細胞。它們也可以在某些組織中發展成獨特的吞噬細胞，如肝臟的庫佛氏細胞（Kupffer cell）、神經系統中的微膠細胞（microglia）、骨骼的蝕骨細胞（osteoclast）等。

梅奇尼科夫認為人體的免疫力來自吞噬細胞，不可能是來自血清中的抗體，而埃爾利希卻是抗體理論的先驅，於是兩人水火不容，互相攻擊，成為了敵人。但如果當年二人可以放下成見的話，就會知道其實他們都是正確的，吞噬細胞是細胞性免疫（cellular immunity）的一部分，也是先天性免疫系統（innate immunity）的重要支柱；抗體是體液性免疫（humoral immunity）的一部分，屬於後天性免疫系統（adaptive immunity）。兩者相輔相成，互補不足，一起合作為身體抵抗外敵。

雖然埃爾利希及梅奇尼科夫分別為血液學作出了很重要的貢獻，但他們身處的年代只是血液學萌芽的階段。到了二十世紀，血液學才有更多的重要發展，慢慢發展到今天的模樣。

1.3　走進血液細胞的工廠──骨髓

骨髓是血液細胞的工廠，每天約有 5,000 億個血液細胞在骨髓裡生成。把一張骨髓抽吸抹片（bone marrow aspirate smear）放在顯微鏡下，會看到多姿多彩、五顏六色的細胞，好不美麗。

歷史長河中的骨髓

今天，我們知道骨髓是身體的造血組織，然而它的功用一直以來都非常神秘，直到十八世紀晚期，科學家才漸漸弄清楚骨髓的用途。古希臘的兩大醫學巨匠──希波克拉底（Hippocrates, 460-377BC）及蓋倫（Galen of Pergamon, 129-210）就推斷骨髓負責供應養分給骨骼。他們的推論是建基於觀察與邏輯，而不是單純的神秘主義，因此從科學角度來說是值得被尊重的。然而法國的解剖學家杜弗尼（Guichard Joseph Duverney, 1648-1730）在 1700 年發現身體中很多骨骼都是沒有骨髓的，例如中耳內的骨。難道這些骨不需要營養嗎？顯然是不可能的，因此古希臘醫學家的推論是錯誤的。

德國病理學家諾伊曼（Ernst Neumann, 1834-1918）在 1868 年透過擠壓人類與兔子的骨骼而發現骨髓汁液中含有有核

紅色球，之後他提出骨髓是紅血球生成的地方。諾伊曼隨後又發現白血球也是在骨髓內生成的，於是他提出骨髓內有一種幹細胞，是所有血液細胞的共同始祖。這是個相當大膽而有前瞻性的概念，有人甚至認為諾伊曼的理論是幹細胞研究的起源。直到現在，我們已經對血液細胞的生長有深入的認識，並且有堅實的科學證據去證明諾伊曼的理論是對的。

　　早期的骨髓研究都是來自病人死後的驗屍程序，直到1903年，意大利醫生皮亞內塞（Pianese）才首次從活人身上取得骨髓進行醫學檢查。他當時是從股骨骨骺（femoral epiphysis）取得骨髓組織。之後又演變出不同的骨髓檢查程序，包括從脛骨（tibia）及胸骨（sternum）。雖然盤骨中包含了身體近50%的骨髓組織，不過令人驚訝的是，到了1950年才開始有人嘗試從盤骨抽取骨髓組織。所謂「有麝自然香」，盤骨的確是一個非常理想的地方進行骨髓檢查，所以這方法很快便流行，直至現在仍然是骨髓檢查的標準做法。

　　至於用來進行骨髓檢查的器具都出現了不同的演化。今天，我們最常用的器具是「賈姆西迪刺針」（Jamshidi needle），由伊朗醫生賈姆西迪（Khosrow Jamshidi）在1971年發明。它特別的地方是針頭呈錐形，令骨髓組織可以輕易進入針內而不會受到擠壓。

骨髓檢查

骨髓檢查是現代血液學檢查中的重要一環。假如病人的血液細胞出現異常、有不尋常的肝脾腫大、淋巴腫大、原因不明的發燒，或者為淋巴癌分期，骨髓檢查都可以為醫生提供非常有用的資訊。

所謂的骨髓檢查其實可以細分為骨髓抽吸（bone marrow aspiration）及骨髓環鋸活檢（bone marrow trephine biopsy）兩部分。大家都應該有見過煲湯用的豬骨吧？把豬骨切開，內裡紅色的部分就是骨髓。試想像一下，假如你想獲取豬骨中的骨髓，第一個方法就是用吸的方法吸取入面的骨髓汁液，另一個方法就是乾脆切開一小條骨，這條小骨中間就包含了骨骼組織。而骨髓抽吸及骨髓環鋸活檢就分別代表了這兩種方法。

骨髓檢查的做法是先注射局部麻醉藥，然後用一枝針刺到盤骨後面的後上髂棘（posterior superior iliac spine）中。後上髂棘是盤骨後面一個明顯的凸出部分。大家可以嘗試觸摸自己的盤骨後面，應該會摸到左右兩邊各有一個顯著的凸出部分，這個就是後上髂棘，是骨髓檢查時針刺進的地方。針刺進骨髓後，醫生會先用抽吸的方法抽取骨髓組織，然後再做環鋸活檢抽取，拿一小段盤骨做活檢，我們把環鋸術拿到的樣本俗稱為「骨仔」。

骨髓抽吸得出的組織雖然看起來像是一般的血液，但其實細心一看的話會發現裡面有一點點白色的，像是米粒的物質，它們是骨髓顆粒（bone marrow particle），是骨髓細胞集中的地方。

一個好的骨髓抽吸樣本必須要有足夠的骨髓顆粒，否則抽取出來的組織跟普通血液接近，並不能提供足夠的資訊告訴醫生骨髓內的情況。那麼病人就白做了一次骨髓檢查了。

為甚麼要同時進行骨髓抽吸及環鋸活檢兩個程序呢？原來抽吸所得的組織可讓醫生較易分辨不同的骨髓細胞，對他們在顯微鏡下數細胞是很有幫助的，而且這些樣本還可以用來做流式細胞技術、細胞遺傳學及分子遺傳學的檢查等。至於環鋸活檢則可以讓醫生較清楚看到骨髓內的結構，為診斷提供更多資訊。例如某些細胞只愛留在骨的特定部分，如濾泡性淋巴瘤（follicular lymphoma）的癌細胞大多都在骨小樑（trabeculae）的附近。又有一些疾病，如骨髓纖維化（myelofibrosis）會令到骨髓都「乾」了，根本就不可能利用抽吸的方法獲得骨髓組織，這時就只好靠環鋸活檢來提供線索了。

骨髓檢查的風險包括流血、感染，或刺到附近其他組織，不過研究顯示出現嚴重併發症的機會低於 0.1%。

顯微鏡下的骨髓

骨髓檢查的目的當然就是為了觀察骨髓內的細胞。究竟骨髓中有甚麼細胞呢？如何辨認它們？相信不少初接觸血液學的朋友都會被千姿百態又變化萬千的骨髓世界嚇倒了。假如你並不打算從事血液學的工作，你大概是不用認識這些細胞。然而這些細胞

所組成的是一個色彩繽紛、五光十色的世界，大家把它當成藝術品去欣賞，開開眼界，都不失為一件賞心悅目的事。

　　把一張骨髓抽吸抹片放在顯微鏡下（圖 1.3.1），最先映入眼簾的必定是巨核細胞（megakaryocyte）（圖 1.3.2）。巨核細胞貌如其名，就是「巨」，它們可是骨髓中最大的細胞。一顆紅血球的直徑約 6 至 8μm，巨核細胞的直徑卻達 50 至 100μm，是紅血球的 10 至 15 倍。比起其他細胞，它簡直就是一個超級巨人。巨核細胞有很充足的細胞核，而當它成熟時，細胞質就會分裂，這些脫落的細胞質就是血小板，一顆巨核細胞可以分裂出過千粒血小板。有趣的是，巨核細胞為骨髓中最大的細胞，製造出來的卻是血液中最小的細胞——血小板，平均直徑只有 0.5 至 3μm，把它與其他血細胞拼在一起的話，血小板簡直就是一顆微塵。

　　骨髓中另一個重要的成員是粒細胞先驅細胞（granulocytic precursor）。粒細胞泛指嗜中性白血球、嗜酸性白血球與嗜鹼性白血球及它們的先驅細胞。先驅細胞意指未成熟的細胞，可以說是成熟粒細胞的「祖先」。它們都需要在骨髓中經過一段成長的過程才能成為成熟的細胞，不過成長過程大同小異。以血液中佔最多的嗜中性白血球為例，家族中最原始的成員是母細胞（blast）（圖 1.3.3），之後它會經以下的過程成長（圖 1.3.4）：

母細胞→前髓細胞（promyelocyte）→髓細胞（myelocyte）→中髓細胞（metamyelocyte）→帶狀細胞（band form）→節狀核嗜中性白血球（segmented neutrophil）

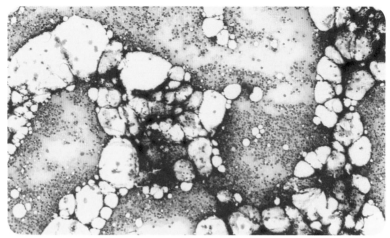

圖 1.3.1 顯微鏡下正常人的骨髓抽吸抹片

　　最原始的成員——母細胞有非常高的細胞核比細胞質比例（nuclear-to-cytoplasmic ratio），大家只能見到非常少的細胞質。它的染色質看上去很「鬆」，因為在此階段，DNA 複製頻繁，令染色體較鬆，而且偶爾可以找到核仁（nucleous），也就是細胞核中看起來顏色較淡的部分。

　　前髓細胞是這一系列細胞中最大的，細胞核稍為側向一邊，它有非常重要的三大特徵：核仁、原發性顆粒（primary granule，是粗粗的紫紅色顆粒）、高基氏區域（Golgi zone，也就是細胞核旁邊有一個淡色的區域）。

　　髓細胞比前髓細胞細小，且沒有核仁，顆粒變了次發性顆粒（secondary granule，是幼小的橙紅色顆粒），也沒有了高基氏區域。

中髓細胞的細胞核稍為凹了下去，但最幼的部分仍佔細胞核直徑三分之一以上。隨著細胞的成熟，細胞核也會不斷凹下去。當細胞核最幼的部分少於細胞核直徑三分之一，我們就稱它們為帶狀細胞。節狀核嗜中性白血球是家族中最成熟的成員，它的細胞核已經凹到分成了一節節。

至於骨髓中那些細胞核又圓又實的血細胞就是紅血球先驅細胞（erythroid precursor）（圖 1.3.5）。正如粒細胞先驅細胞，紅血球先驅細胞一樣有一個由原始到成熟的過程。最原始的先驅細胞又大又藍，染色質很「鬆」。當細胞慢慢成熟時，細胞質及細胞

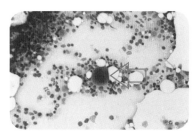

圖 1.3.2 巨核細胞

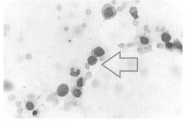

圖 1.3.3 母細胞

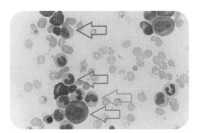

圖 1.3.4 前髓細胞（紅色箭嘴）、髓細胞（綠色箭嘴）、中髓細胞（橙色箭嘴）與帶狀細胞（藍色箭嘴）

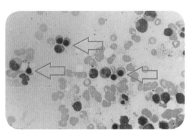

圖 1.3.5 紅血球先驅細胞

核都會變小，細胞質的顏色則會變淺然後變紅，這是因為較成熟的紅血球先驅細胞會開始製造血紅蛋白。至於染色質則會隨著細胞成熟而變「實」。不同成熟程度的紅血球先驅細胞在組織細胞學上有不同的名稱，不過臨床上醫生也甚少理會，不少血液病理學家都不再細分，把它們統稱為紅血球先驅細胞。

除了紅血球先驅細胞、粒細胞先驅細胞及巨核細胞三大家族外，骨髓中還有很多有趣的細胞，如漿細胞（plasma cell）、巨噬細胞（macrophage）及肥大細胞（mast cell）等。它們的數量雖少，卻是骨髓中必不可少的一分子。

漿細胞（圖 1.3.6）負責製造抗體，是重要的免疫細胞。它的前身是 B 淋巴細胞，由骨髓中的淋巴原始 B 細胞（progenitor B-cell）演化出來。淋巴原始 B 細胞是淋巴細胞的「祖先」，會一直演化，走到血液及淋巴組織，經歷過一大段訓練，過盡千帆後，終於成了漿細胞，又重新回到骨髓中。

漿細胞的細胞質顏色偏藍，細胞核圓圓的，並側了在細胞一邊。漿細胞最搶眼的特徵莫過於細胞核旁有個淡色的部分，叫做核周暈（perinuclear halo），它是高基氏體（Golgi apparatus）聚集的地方，所以又叫高基氏區域。高基氏體是一種用於處理蛋白質的胞器（organelle），而漿細胞需要大量的高基氏體來幫助它製造抗體。

　　巨噬細胞（圖 1.3.7）是身體的清道夫，最愛吞食異物，除了負責吞食病原體外，更會清走死細胞或細胞殘片。它有豐富的不規則灰藍色細胞質，有時候甚至可以在細胞質內見到它吞食完的細胞殘骸。

　　肥大細胞（圖 1.3.8）最顯眼的特徵在於它那又粗又深色的顆粒，這些顆粒非常豐富，豐富得把細胞的其他部分全部都遮住了。肥大細胞是過敏反應的罪魁禍首，它那粗粗的顆粒中有很多化學遞質（mediator），包括組織胺、肝素（heparin）、血清素（serotonin）、白三烯（leukotriene）、前列腺素（prostaglandin）等。當身體的免疫系統接觸到花粉、塵蟎、動物毛髮等致敏原後，就會激發漿細胞製造 IgE 抗體，IgE 抗體會附在肥大細胞上，令它釋出化學遞質。這些化學遞質，特別是組織胺，令到組織充血腫脹、血管擴張及通透性增加，引起眼鼻部痕癢、皮膚出疹、流鼻水、支氣管收縮、嘔吐或腹瀉等症狀。

巨核細胞	• 成熟時分裂為血小板
粒細胞先驅細胞	• 嗜中性白血球、嗜酸性白血球與嗜鹼性白血球及它們的先驅細胞
紅血球先驅細胞	• 紅血球的先驅細胞
漿細胞	• 由 B 淋巴細胞演化
巨噬細胞	• 吞食病原體 • 清走死細胞或細胞殘片
肥大細胞	• 當 IgE 抗體附在細胞上，會釋出化學遞質

表 1.3.1 骨髓內的細胞

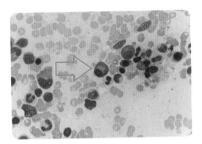
圖 1.3.6 吞細胞

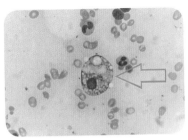
圖 1.3.7 巨噬細胞

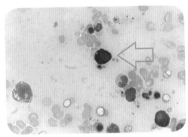
圖 1.3.8 肥大細胞

血液小趣聞　　最痛的時刻

進行骨髓檢查最常見的問題就是疼痛。雖然醫生會使用局部麻醉劑，
不過局部麻醉劑只能夠麻醉骨膜上的神經線，很難穿透骨內去麻醉骨
內的神經線，所以進行骨髓檢查是難免有點痛楚的。而骨髓檢查的哪
一個步驟最痛呢？根據我為病人抽骨髓的經驗，大多數病人覺得最痛
的一刻並非把針插入骨內或把針從骨內抽出的一刻，而是進行骨髓抽
吸時抽出骨髓汁液的一刻。不過受痛能力始終因人而異，我遇過病人
覺得進行骨髓檢查就如「被蚊咬」，比抽血痛不了多少，也遇過病人還
未把針插進身體已經呱呱大叫。

1.4 神秘的脾臟

．．．．．

脾臟（spleen）大概是身體中最神秘的器官之一。

中國古人把心肝脾肺腎合稱為「五臟」。以現代生理解剖學的角度來看，大家都知道心臟負責血液循環，肝臟負責調節新陳代謝，肺臟負責呼吸，腎臟負責排泄。這是高中生物課都有教授的知識。至於脾臟呢？似乎就神秘得多了。

事實上，西方古代的醫學學者也一直視脾臟為一個神秘的器官，他們在很久以前已經知道脾臟的存在，卻一直不知道它的功用。根據古巴比倫人、埃及人、希臘人及羅馬人的記載，他們似乎認為脾臟是個多餘的器官，更會對人的體能有不良的影響。他們相信某些藥劑可以縮小脾臟，從而提升運動能力，甚至有古代文獻記載過古人利用燒灼左側腹的方法令脾臟失去功用。

這個做法聽起來相當殘忍又不科學，然而令人驚訝的是，這個猜想竟然被現代的科學實驗所支持。1922 年，科學家把一組脾臟被切除的實驗室老鼠與一組脾臟正常的老鼠賽跑，結果是脾臟被切除的老鼠獲勝。

為甚麼切除脾臟可以提升運動能力呢？請容許我先賣個關子，之後再跟大家解釋。

在馬爾比基（Marcello Malpighi, 1628-1694）、休森、比爾羅特（Theodor Billroth, 1829-1894）等醫學學者的努力下，人們在十七世紀以後慢慢對脾臟的生理功能與解剖學結構有更深入的認識。跌跌碰碰多年之後，大家現時對脾臟的理解透徹得多了。其實脾臟與血液息息相關、唇齒相依，脾臟問題可以影響血液，血液問題又可以影響脾臟。

脾臟的功能

脾臟是血液的回收工場，它有一個豐富的細胞回收系統，叫做單核吞噬細胞系統（mononuclear phagocyte system），又稱網狀內皮系統（reticuloendothelial system），內裡有很多巨噬細胞，它們會移除老舊的血細胞，特別是紅血球。舊紅血球中的重要物質，例如鐵質，會被循環再用，用於製造新的紅血球。

另外，脾臟又會幫助移除紅血球中的包涵體（inclusion body）。包涵體，顧名思義就是一些包涵在紅血球中的結構，它們由細胞內物質緊密地聚集在一起而成，一般來說沒有甚麼用途，但也沒有甚麼害處。常見的包涵體包括由殘餘DNA組成的豪威爾－喬利體（Howell–Jolly body）、由受到氧化攻擊後變性的血紅蛋白組成的漢氏小體（Heinz body），由鐵蛋白組成的帕彭海默氏小體（Pappenheimer body）等。儘管包涵體基本上是無害的，但它們始終不是正常的結構，脾臟這個回收工場會盡責地把它們移除。

脾臟除了是回收工場外，也是一個血液的保險箱，負責儲存血細胞。在人類中，約有250毫升的紅血球是儲存在脾臟中的。這些紅血球是身體的緊急儲備，只會在緊急情況下，例如是缺氧或休克時才會使用。除了紅血球外，脾臟也儲存了大量的血小板與淋巴球。

　　脾臟也是個軍營，有強大的免疫軍隊在這裡駐紮。單核吞噬細胞系統中的巨噬細胞會吞噬細菌、真菌等病原體。另外，脾臟中也有很多淋巴球，負責在身體被病原體入侵時產生免疫反應。

　　在胚胎發育早期，脾臟亦有造血功能，但之後骨髓會慢慢取代這項功能。健康的成年人不會利用脾臟造血，不過脾臟內其實仍有少量造血幹細胞，以備不時之需。當身體出現嚴重造血障礙時，脾臟理論上可以恢復造血功能。然而這只不過是杯水車薪，無論脾臟多努力都好，它都不會製造到足夠應付身體所需的血細胞，所以成年人脾臟的造血功能只是一個理論性的、學術性的討論，沒有甚麼實則意義。

脾臟腫大

　　正常的脾臟位於人體左面的第九與第十一條肋骨之間的下面。不過有些時候，脾臟會腫大，並擴張到腹部左上的位置。

想當年我讀醫的時候，其中一科考試是臨床檢查。醫官會挑選一名病人，然後要我們即場為病人進行身體檢查，並在限時內推斷出病人所患的病。臨床檢查的大熱門題目就是要考生偵測出腫大的脾臟，這試題之所以如此熱門，除了是因為臨床上的重要性外，也是因為它非常常見，所以醫官容易找到病人用作考試。只要走進血液科或者肝科的病房，往往不費吹灰之力就可以找到幾個脾臟腫大的病人。

脾臟大概是身體其中一個最「能屈能伸」的器官，正常的脾臟大約如拳頭般大，不過腫大的脾臟卻可以非常誇張地擴張到肚臍的位置，把大半個腹部都霸佔了（圖 1.4.1）。

脾臟腫大的原因眾多，不過大致上可以分成血液疾病與非血液疾病。血液疾病可以透過兩個不同的機制影響脾臟。第一，不正常的血液細胞侵佔脾臟。第二，血液細胞受到破壞，脾臟需要「開OT」去移除大量受破壞的血細胞，於是變大自己以提升工作能力。

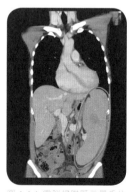

有兩種血液疾病以引起非常巨型的脾臟腫大而聞名於世（更準確地說是臭名遠播），一是原發性骨髓纖維化（primary myelofibrosis），二是慢性骨髓性白血病（chronic myeloid leukaemia，簡稱CML），分別詳見第 2.7 篇〈紅血球眾生相〉及第 3.4 篇〈費城染色體的傳奇〉。

圖 1.4.1 電腦掃瞄顯示嚴重的脾臟腫大。

還記得我説過肝科病房也有眾多脾臟腫大的病人嗎？你可能覺得，肝臟與脾臟風馬牛不相及，為何肝臟疾病會影響脾臟呢？原來身體器官環環相扣，牽一髮往往可以動全身。脾臟的血液需要經由肝臟才能回到心臟，假如病人出現肝硬化（liver cirrhosis），血液就難以通過肝臟，於是血液被迫回流至脾臟中，令脾臟充血變大。

在充滿異國情調的熱帶地方，病人脾臟腫大的原因亦變得更有「熱帶風情」，例如瘧疾（malaria）及利什曼病（leishmaniasis）等慢性感染熱帶病。

脾臟腫大可以令病人相當不適。試想想，如果你的腹部塞了一個如氣球般大的硬物，你大概也會叫苦連天吧？不過從血液學的角度來説，脾臟腫大的一個大問題是脾臟功能變得異常強大，令脾臟變成了一個過度活躍的回收工場與過大的保險箱，血細胞要不被快速移除，要不被儲存在脾臟中，於是血液中的血細胞便會減少，臨床上稱這現象為脾功能亢進（hypersplenism）。

脾臟切除

雖然脾臟的功能眾多，運作奧妙，但沒有脾臟的人卻依然可以正常生活。這又為脾臟再增添了一份神秘色彩。

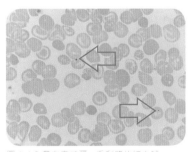

圖 1.4.2 帶有豪威爾－喬利體的紅血球

為了紓緩脾功能亢進引起的血細胞減少，醫生常會以外科手術的方法把脾臟切除。然而，脾臟是身體重要的免疫器官，把它切除等如為保衛身體的軍隊裁軍，雖則對日常生活影響不大，但遇上強大的敵人攻擊時，就會一發不可收拾。失去脾臟的病人尤其容易受肺炎鏈球菌（*Streptococcus pneumoniae*）、腦膜炎雙球菌（*Neisseria meningitidis*）及流感嗜血桿菌（*Haemophilus influenzae*）等「莢膜細菌」（encapsulated bacteria）感染。這幾種細菌都是會引起腦膜炎等嚴重感染的兇猛細菌。為了預防感染，病人在接受脾臟切除手術之前必須要注射疫苗，另外在手術之後，也需要長時間服用抗生素，預防感染。而舊的紅血球會交由肝臟移除。

　　脾臟與血液唇齒相依，脾臟切除自然也會影響血液。一名經驗豐富的血液科醫生只需靠最基本的周邊血液抹片已經可以推斷出病人進行過脾臟切除手術。因為在脾臟切除後，病人的血小板與嗜中性白血球會走到血液中，令數量升高，而紅血球中也會出現本應由脾臟移除的包涵體，例如豪威爾—喬利體。在顯微鏡下，它是微細的紫藍色小點（圖 1.4.2）。

　　最後，讓我們回到之前提及的問題，為甚麼切除脾臟可以提升運動能力呢？其中一個可能解釋是地中海地區瘧疾橫行，古時不少生活在當地的人都因慢性瘧疾感染而有脾臟腫大與脾功能亢進，因而有貧血（詳見第 2.5 篇〈都是瘧疾的錯（下）——地中海貧血症〉）。古人用各式各樣的方法令脾臟失去功用，也許真的誤

打誤撞地改善了貧血，提升運動能力，原理就如今天的脾臟切除手術。

但大家千萬不要傻得為了提升運動能力而切除脾臟啊！一來，沒有脾功能亢進的人，即使切除了脾臟，紅血球數量也不會上升；二來，失去脾臟會令免疫力下降，可以出現非常嚴重的感染，絕對是得不償失啊！

血液小趣聞　馬的脾臟

人類約有 250 毫升的紅血球儲存在脾臟中，以備不時之需，但馬的脾臟卻足足儲存了馬體內約三分之一的血紅球。假如說人類的脾臟是個「保險箱」，那麼馬的脾臟簡直是個「保險庫」！

從蓋倫到哈維──血液循環

血液的作用眾多，包括免疫、止血、運送氧氣及二氧化碳、運送電解質與各式各樣的蛋白質，簡直可以說是神通廣大、三頭六臂。但再強大的軍隊，如果上不到戰場，一樣是發揮不到任何功用的。就如同第二次世界大戰時，德國製造了史上最重的坦克──鼠式坦克，可以輕易擊穿盟軍所有坦克的正面裝甲。鼠式坦克看似很強，但問題是它的重量令它只能非常緩慢地爬行，把它運到戰場上本身就是極難的事，而且也很容易成為戰機的目標。結果德軍在戰爭期間只製造了兩架鼠式坦克，而且它們從沒機會真正進行實戰，就已經被敵軍俘獲。

血液也是一樣，即使它強如「鼠式坦克」，但如果不能被運送到適當的地方，基本上就是廢物。因此人體有很完善的循環系統運送血液。大家可能在中學的生物課已經學習過了，但我們不妨重溫一下。

血液在人體內會進行雙循環，包括肺循環與體循環。肺循環就是讓心臟的血液流到肺部，流動的方向是右心房→右心室→肺動脈→肺→肺靜脈→左心房→左心室。右心的脫氧血在經過肺部後會獲得氧氣，排走二氧化碳，變成含氧血液。體循環就是讓心臟的血液流到肺部以外的其他身體部分，流動方向是：左心房→左心室→動脈→微血管→靜脈→右心房→右心室。含氧血液會在

微血管中把氧氣釋放給身體組織，並幫它帶走二氧化碳。血液會不斷地經這方向循環下去。

從古希臘說起

古人其實也不是全然不知道血液運行的。古希臘時期的醫學家其實已經知道心臟的跳動、脈搏的存在，甚至是心臟與血管的結構。公元前四世紀亞里士多德（Aristotle, 384–322BC）就已經描述過心臟有左右兩邊，每邊各有兩個腔室。古希臘與古羅馬的醫生亦知道連接左心的血管有較厚的血管壁及較有彈性，連接右心的血管有較薄的血管壁及較高順從性（compliance）。他們把前者稱為動脈，後者稱為靜脈。

古希臘人最初覺得動脈是用來運送「精氣」（pneuma）的。所謂的「精氣」是生命之氣，它由肺部吸入的氣轉化而成。肺部吸入的氣會通過一條「類似靜脈的動脈」（即我們今天所叫的肺靜脈，肺靜脈如一般的靜脈有較薄的血管壁，但因為它連接左心，所以古希臘人把它歸類為動脈）送達左心，經過加溫後轉化成「精氣」，再經由動脈送至全身。因為「精氣」充滿精力，必須要較厚的血管壁去限制著它，所以動脈才有這個特性。而靜脈則是負擔把肝臟吸收了食物後製造出來的血液運送至全身。他們覺得動脈與靜脈是兩個獨立的系統，前者負責運送「精氣」，後者負責運送血液。為甚麼他們覺得動脈與血液無關呢？動脈裡不是充滿血液嗎？原來古希臘人以研究屍體為主，當心臟停止跳動後，具

有彈性的動脈會繼續令血液往下游移動，送到順從性高的靜脈，所以靜脈看似充滿血液，動脈中的血液則不多。

古希臘的醫學界巨人蓋倫曾對心臟與血管的理論作出深入的研究。他雖然不能夠接觸人類屍體，但卻進行了很多動物的解剖研究，並得到了很多重要的生理學發現。例如他發現把心臟從身體中拿出來，仍然懂得自己跳動，顯然心臟是可以自主跳動的。但他最重要的發現莫過於發現動脈也會運送血液。他把動脈的兩端結紮起來，然後切開，發現裡面有血液，並得出以下的演繹推論，「如果動脈裡有血液，就代表動脈裡的不是來自心臟的精氣」，「然而動脈裡的確有血液」，因此「動脈裡的不是來自心臟的精氣」。這是一種類似古希臘歐幾里德幾何學的演繹推論，雖然看似理所當然，但細心一想其實非常優雅細膩，他的理論大多建基於觀察與古希臘式的演繹邏輯思考，並不是順口開河，以當年的知識來說實在是很了不起的成就。事實上，即使到了今天，仍然有很多人做事不講邏輯，連二千多年前古希臘人的思維方式都比他們優勝。

由於當年知識上的限制，蓋倫也有不少理論是錯的。蓋倫認為血液是由肝臟不斷產生，由靜脈運送，靜脈中的血到達右心室後再經心室中膈（interventricular septum）中看不見的微細小孔去到左心室，再走到動脈中，並消失於身體各處。至於心臟的作用是產生身體所需的熱能，並製造「生命靈氣」，這些「精氣」由動脈運送到身體各處。肺則是幫忙調節散熱。之後一千多年時間，蓋倫的理論都被認為是不容挑戰的金科玉律。

科學的復興

在經過古希臘的輝煌後，歐洲進入很長時間的黑暗時代。當時的科學進展接近完全停止，甚至出現倒退。那時歐洲人都把精力放在宗教上，有些基督徒狂熱分子甚至破壞古希臘及古羅馬流下的文明遺產。到了文藝復興時代，歐洲人對追求知識的渴求才重新被喚起。

我們即將要介紹「現代生理學之父」哈維（William Harvey, 1578-1657）如何把雄霸一千多年的蓋倫理論推翻。不過在此之前，有幾位文藝復興時期的科學家都對血液循環的理論有著不容忽視的貢獻，值得我們討論一下。

維薩里（Andreas Vesalius, 1514-1564）是近代人類解剖學的創始人，他喜歡解剖人類屍體作研究，並編寫了一本名為《人體的構造》（*De Humani Corporis Fabrica*）的書，當中包含了很多高度詳細的人體結構手繪圖。維薩里以獨特的風格去繪畫屍體的美態，令這本書除了有科學上的貢獻外，亦有藝術的價值，可以說是把文藝復興的精神發揮到極致。維薩里最先對蓋倫的「心室中膈看不見的微細小孔」理論提出質疑。

維薩里的學生科倫坡（Realdo Colombo, 1515-1559）最先提出血液流經肺部的理論。由於他發現心室中膈中間根本沒有小孔，蓋倫的理論顯然是錯的。另外，他又發現肺靜脈充滿血液，而不是「精氣」。綜合不同的觀察，他得出了一個結論，就是右心

的血液可以經由肺動脈流到肺部，再經肺靜脈流到左心。值得留意的是，維薩里仍然覺得蓋倫的理論大部分是正確的，只有少部分的血液會經過肺部流到左心，他依然認為人體中血液都是經由靜脈流到不同器官。

解剖學家法布里休斯（Hieronymus Fabricius, 1533–1619）最先發現靜脈瓣。不過他也一樣「捉到鹿唔識脫角」，仍然緊緊地跟隨著蓋倫的理論。他認為靜脈中的瓣只不過是為了避免血流太快太急，用來減慢血液從肝臟走到身體其他部分。

主角的登場

鋪排多時，我們的主角哈維終於出場了。哈維在 1578 年於英國出生，之後在意大利的帕多瓦大學（University of Padua）修讀醫科。這是當時全世界最頂尖的大學，剛才提及的維薩里與法布里休斯都曾在帕多瓦大學任教過，法布里休斯更是哈維的老師。值得一提的是，在哈維攻讀醫科之時，該校的數學主任是另一位大家耳熟能詳的科學巨人——伽利略（Galileo Galilei, 1564–1642）。

哈維的血液循環理論來自一個簡單但重要的計算。他估計心臟容量是 60 毫升，每次跳動可以泵出八分之一的血液（我們現在知道其實遠不止於此），再乘以一天心跳的次數，這數字可不得了。這絕對多於人一天的攝食量，甚至遠超一個人的體重。人不

可能一天之內無中生有地製造大量血液，所以唯一合理的解釋就是血液在不斷循環。

　　他做了不同的實驗進一步驗證他的理論。哈維用兔子和蛇做活體解剖，他用鑷子夾緊一條還在搏動的動脈，發現近心臟那一邊的血管很快脹大，而另一端則塌陷下去，可見動脈的血液是從心臟流出來的。這就好像在單程路上設置路障，路障後果自然是出現大塞車，路障前面則依然暢通，路障前面的車輛駛走後沒有新的車輛，所以路障前面很快就會空空如也。他再用相同的方法測試大靜脈，結果剛好相反，證明靜脈中的血液是流往心臟。

　　另外，哈維也挑戰了自己老師法布里休斯的想法。他用金屬探針試驗靜脈瓣的運作。他把金屬探針朝向心臟的方向刺入，發現很容易就可以打開瓣子，如果方向掉轉的話則相當困難。因此他提出靜脈瓣是為了阻止血液流向離開心臟的方向的，顯然靜脈血流的方向應該是通向心臟。

　　哈維的實驗確認了血液從心臟的左心室經由動脈流向全身，再經由靜脈流回心臟的右心房而完成血液循環。但血液怎樣從動脈流到靜脈呢？哈維其實並不知道答案，不過他以一個簡單的實驗證實了動脈的血液的確會流到靜脈。哈維使用的是一條止血帶。他用止血帶將試驗者的上臂紮好，不讓動脈與靜脈流通，止血帶以下的上肢會因缺血而變得蒼白。然後，他再稍稍放鬆止血帶，令止血帶的壓力高於靜脈的壓力但低於動脈的壓力，使動脈流通而靜脈依然受阻，止血帶以下的靜脈就因充血而腫脹起來，

這顯示動脈中的血液可以流到靜脈。事實上，我們為病人抽血時就是利用這原理令靜脈充血腫脹起來，方便抽血。但抽血時用的止血帶亦不可太緊，否則連動脈都被阻塞了，就會令到上肢缺血，反而抽不到血。

哈維在 1628 年把他的偉大理論寫成一本生理學巨著《關於動物心臟與血液運動的解剖研究》(*Exercitatio Anatomica de Motu Cordis et Sanguinis in Animalibus*)，令醫學從此變得不一樣。由於其接近無懈可擊的實驗與邏輯，他的學說得到了歐洲學術界普遍的認同。

哈維血液循環理論中的最後一塊拼圖是到底血液是怎樣從動脈流到靜脈。令人惋惜的是，哈維始終破解不了這問題。就在他去世的四年 (1661) 後，意大利解剖學家馬爾比基終於用顯微鏡發現了將動脈與靜脈連接起來的微血管。就是這樣，最後一塊拼圖終於被砌好了。

哈維對後世的貢獻有兩方面。他的理論為我們對人體生理學與醫學帶來重大的突破。但另一方面，他利用了合乎現代科學方法的過程得出理論，可以稱得上是現代科學的奠基者。我們之前提及過他與伽利略生於接近的年代，如果說伽利略是第一位現代的物理學家，那哈維大概就是第一位現代的生理學家。

怎樣看懂全血細胞分析檢查報告？

　　全血細胞分析（complete blood count，簡稱CBC）檢查，又叫血常規檢查或者全血細胞計數。它大概是醫院中最常進行的血液檢查。一間大型醫院每天要處理過千個全血細胞分析檢查，正在看這本書的你大概也曾接受過這項檢查。全血細胞分析簡單來說就是分析紅血球、白血球與血小板三種血細胞的數量與性質。現代的化驗室會利用自動血液細胞分析儀去處理這些檢查。

　　表 1.6.1 概括了全血細胞分析檢查的報告：

		Reference range 參考值	Unit 單位
Complete blood count			
HGB	14.8	13.4–17.1	g/dL
WBC	5.6	3.7–9.2	$x10^9$/L
PLT	296	145–370	$x10^9$/L
Red Cell Indices			
MCV	87.5	82.0–97.0	fL
MCH	29.7	27.0–33.0	pg
MCHC	33.9	32.0–35.0	g/dL
RBC	5.00	4.30–5.90	$x10^{12}$/L
HCT	0.438	0.400–0.510	L/L
RDW	11.5	11.0–14.0	
MPV	6.4	7.0–11.0	fL
WBC differential			
Neutrophil	3.2	1.7–5.8	$x10^9$/L
NEU%	56.4	43.0–71.0	%

Lymphocyte	1.7	1.0-3.1	x10^9/L
LYM%	30.0	19.0-46.0	%
Monocyte	0.6	0.1-0.8	x10^9/L
MON%	10.2	3.0-12.0	%
Eosinophil	0.2	0.0-0.5	x10^9/L
EOS%	3.1	0.0-7.0	%
Basophil	0.0	0.0-0.1	x10^9/L
BAS%	0.4	0.0-1.4	%

表 1.6.1 全血細胞分析檢查報告

　　究竟每個項目代表甚麼？它們又如何幫助醫生作出診斷，幫助病人呢？

紅血球指標

　　讓我們先從紅血球指標（red cell indices）開始，顧名思義，它是由測量紅血球性質而獲得此名的。

1. 血紅蛋白水平（HGB）

　　HGB（haemoglobin level）即血紅蛋白水平，俗稱「血色素」。紅血球裡有血紅蛋白（haemoglobin），血紅蛋白負責攜帶氧分子到身體各部分（詳見第 2.1 篇〈貧血是甚麼？〉）。自動血液細胞分析儀會先利用溶解劑把病人血液樣本中的所有紅血球溶解，釋出紅血球中的血紅蛋白，然後加入化學物質與血紅蛋白結合，改變血紅蛋白的結構與顏色。血紅蛋白水平越高，顏色就越深，光就越難穿過。儀器就是透過量度樣本的吸光度

（absorbance）去計算病人的血紅蛋白水平。舊式方法是利用俗稱「山埃」的氰化物與血紅蛋白的反應來計算血紅蛋白水平，不過這種物質有劇毒，處理困難，也有影響化驗師健康的風險，現已用其他試劑取代。

男士和女士的血紅蛋白水平略有不同，男士大約是 13 至 17g/dL，而女士因經期失血，血紅蛋白水平一般較低，大約是 11.5 至 15g/dL。如果血紅蛋白水平低於正常的話，就是貧血。大家要留意，貧血並不是疾病，它只是一個現象，貧血背後一定有原因（詳見第 2.1 篇〈貧血是甚麼？〉），而全血細胞計數報告中的紅血球指標可以給化驗師一點提示去幫助醫生分辨不同的貧血原因。

值得注意的是，有很多非血紅蛋白的問題都可以影響吸光度，令光線難而穿越，例如樣本中的膽紅素（bilirubin，一種造成黃疸的色素）或脂肪過高。這些情況會令儀器量度到一個錯誤地高的血紅蛋白量。

2. 紅血球數量（RBC）與血小板數量（PLT）

RBC（red blood cell count）與 PLT（platelet count）分別代表紅血球與血小板的數量。血小板數量並不是紅血球指標，不過由於自動血液細胞分析儀只會把血細胞分成有細胞核與沒有細胞核兩大類，有細胞核的細胞是白血球，沒有細胞核的細胞是紅血球及血小板，所以化驗師常把紅血球及血小板放在一起分析，我們也把這兩個指標放在一起討論吧。

要分辨沒有細胞核的細胞是紅血球還是血小板及其數量，主要靠兩種方法，分別是使用電阻抗（impedance）及光學方法。電阻抗方法是利用血細胞導電能力差這個特性。當傳導力高的液體流經兩個電極之間，理應可以傳導一個穩定的電流，但如果血細胞經過兩個電極之間，電流就會下降。儀器靠著測量這些電流的轉變，分析出細胞的大小。光學方法則是利用激光射向血細胞，激光會產生散射，而透過分析散射的激光，儀器就可以得知細胞的大小及其他光學特性，例如折射率。一般而言，儀器會把沒有細胞核的細胞中，較大的歸類為紅血球，較小的歸類為血小板。使用光學方法的儀器也會考慮細胞的折射率，折射率受細胞中的血紅蛋白影響，所以光學方法的分析一般較為全面。如果只考慮大小的話，儀器可能把不正常地大的血小板歸類為紅血球，又把不正常地小的紅血球歸類為血小板，影響檢查的準確性。

3. 紅血球平均體積（MCV）

MCV（mean corpuscular volume）即紅血球平均體積。機器在使用電阻抗或光學方法得出各紅血球的大小後，就可以計算出它們的平均體積，正常病人的 MCV 大約是 80 至 100fL。缺鐵性貧血（iron deficiency anaemia）或地中海貧血症（thalassaemia）會令病人的紅血球變小，MCV 下降，我們統稱這類貧血為小球性貧血（microcytic anaemia）。缺乏維生素 B12 及葉酸、骨髓異變綜合症、肝病及酗酒等都會令病人的紅血球變大，MCV 上升，我們統稱這類貧血為巨球性貧血（macrocytic anaemia），詳見第 2.1 篇〈貧血是甚麼？〉。

4. 紅血球分佈寬度（RDW）

RDW（red cell distribution width）即紅血球分佈寬度，是一個量度紅血球體積相差多少的指標。RDW 高即紅血球的體積大小不一。RDW 高的原因包括缺鐵性貧血、中型及重型地中海貧血、缺乏維生素 B12 及葉酸、骨髓纖維化等。輕度地中海貧血則不會顯著增加 RDW，所以這是區分缺鐵性貧血與輕度地中海貧血的其中一個方法。

5. 紅血球平均血紅蛋白量（MCH）

MCH（mean corpuscular haemoglobin）即紅血球平均血紅蛋白量。顧名思義，就是每顆紅血球平均擁有的血紅蛋白，即 HGB/RBC。如果 MCH 低，即紅血球平均擁有的血紅蛋白少，紅血球在顯微鏡下看起來失去顏色，又淡又白。這個情況在缺鐵性貧血與地中海貧血中最常見，因為它們會影響血紅蛋白的合成，所以紅血球的平均血紅蛋白量也較低。

6. 紅血球平均血紅蛋白濃度（MCHC）

MCHC（mean corpuscular haemoglobin concentration）即紅血球平均血紅蛋白濃度，由機器利用 HGB/（RBC x MCV）的公式計算。這是一個很有趣的紅血球指標，導致 MCHC 升高的血液疾病包括遺傳性球形紅細胞增多症（hereditary spherocytosis）及冷凝集素病（cold agglutinin disease）。

遺傳性球形紅細胞增多症是一種基因疾病。一般的紅血球是雙凹形的，但要維持這個奇怪的形狀其實並不容易，因為紅血球的薄膜要承受的張力很大，所以要一些稱為細胞骨骼（cytoskeleton）的特別分子去維持它的形狀。遺傳性球形紅細胞增多症的病人有一個基因缺陷，令紅血球表面一種稱為血影蛋白（spectrin）的細胞骨骼出現問題，紅血球的薄膜就不能維持它的正常形狀，張力會令紅血球變成球形（詳見第 2.7 篇〈紅血球眾生相〉）。

這種球形紅血球因為脫水的關係，體積略為偏小，血紅蛋白「擠」在較小的空間裡，所以濃度較高。這就好像一家人住在幾千呎豪宅中，自然空間寬敞；住在一百呎的劏房，就擠擁得多，「濃度」較高。

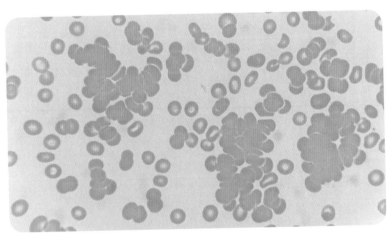

圖 1.6.1 冷凝集素病病人的紅血球遇冷時就會凝集。

　　至於冷凝集素病則是由冷型自身抗體（cold autoantibody）引起的溶血疾病，病人的紅血球在遇冷的時候會凝集（圖1.6.1），黏在一起（詳見第2.10篇〈冰冷入血〉）。

　　其實紅血球的血紅蛋白濃度沒有改變，因為紅血球體積本身沒有改變，不過自動血液細胞分析儀無法正確分析這些凝集了的紅血球，誤把它當成一顆紅血球，所以「以為」紅血球的體積「看似」較大，MCHC就被大大地高估了。

　　除了這些疾病外，之前提及過樣本中的膽紅素或脂肪過高會令儀器高估了血液樣本中的血紅蛋白量，所以計算出來的MCHC自然也被高估了。

7. 紅血球比容（HCT）

　　HCT（haematocrit）是紅血球比容。當化驗師把血液樣本拿去離心，就會把血液分成紅血球、白血球及血漿，而紅血球在血液中所佔之比率就是血比容。成人男性之正常值約為40%至50%，女性約為35%至48%。紅血球比容增加可能由紅血球增多或血液濃縮（紅血球脫水而令血液相對地變濃）造成，常見原因包括睡眠窒息症、慢性呼吸系統疾病、先天發紺性心臟病（acyanotic congenital heart disease）、真性紅血球增多症（polycythaemia vera）等。紅血球比容減少則可以由各型貧血所引起。

白血球分類計數

接著讓我們看看白血球分類計數（differential count）的幾個指數又有甚麼意思。

自動血液細胞分析儀會把有細胞核的血細胞歸類為白血球，之後分析儀會先利用試劑把紅血球溶掉，再利用電阻抗或流式細胞法（flow cytometry），再配合螢光染料（不同細胞的上色程度不同）或差別溶解（differential lysis）（用溶劑把嗜鹼性白血球外的細胞膜溶解，以量度把嗜鹼性白血球的數量）等方法，分辨五種不同的白血球。

1. 嗜中性白血球指數（Neutrophil / NEU%）

嗜中性白血球是血液裡數量最多的白血球，負責進行吞噬作用，是守衛身體的第一道防線。嗜中性白血球數量會在身體受到細菌性感染及發炎時升高。某些藥物，例如類固醇會把嗜中性白血球從血管周邊地方迫入血液中，所以也會令血液中的這些細胞數量上升。另外，某些血液癌症，如慢性骨髓性白血病（CML）（詳見第 3.4 篇〈費城染色體的傳奇〉）及較為罕見的慢性嗜中性粒細胞性白血病（chronic neutrophilic leukaemia）都會有嗜中性白血球數量增加的情況。

2. 淋巴球指數（Lymphocyte / LYM%）

淋巴球是血液中數量第二多的白血球，是屬於後天性免疫系統的一部分。還記得當年我還是醫學生的時候，血液科教授曾經說過，成年人的淋巴球數量增高，可能性只有兩個，就是慢性淋巴性白血病（chronic lymphocytic leukaemia，簡稱CLL）及淋巴癌（詳見第3.6篇〈漫談淋巴癌與淋巴增殖性疾病〉）。不少醫學生錯誤地以為病毒感染及結核菌感染是淋巴球數量上升的原因，其實這並不是一個常見的原因。有些要求較高的教授聽到這些答案的話會勃然大怒，把學生罵到狗血淋頭。

如果小孩或青少年出現淋巴球數量增高，那麼情況就有所不同了，因為小孩與成人的疾病特性是完全不同的。在小孩或青少年中發現淋巴球數量上升，醫生便會考慮傳染性單核白血球增多症（infectious mononucleosis）等的病毒感染。另一種罕見但惡名昭彰的淋巴性白血球數量上升的感染是百日咳（pertussis）。雖然百日咳由細菌引起，但有別於其他細菌感染，它影響的主要是淋巴球而不是嗜中性白血球。

3. 單核球指數（Monocyte / MON%）

單核球會走到身體組織中分化成巨噬細胞家族，負責吞噬作用。單核球數量會在身體受到感染時上升，也會在慢性骨髓單核細胞白血病（chronic myelomonocytic leukaemia，簡稱CMML）等血液癌症中上升。值得一提的是，毛細胞白血病

（hairy cell leukaemia）的病人常出現單核球數量低的情況，非常特別，是作出診斷的其中一個重要線索（詳見第3.6篇〈漫談淋巴癌與淋巴增殖性疾病〉）。

4. 嗜酸性白血球指數（Eosinophil / EOS%）

嗜酸性白血球的主要作用是製造過敏反應及對抗寄生蟲感染。病人的嗜酸性白血球數量增多，成因分為繼發性及原發性。繼發性原因包括過敏反應（哮喘、濕疹、藥物過敏等）、寄生蟲感染、皮膚病、自身免疫系統疾病等；原發性原因指骨髓造血細胞不正常地增生，製造過量的嗜酸性粒白血球，最重要的是因基因變異引起的血液癌症。

一般來説，如果遇到嗜酸性白血球增多的病人，醫生會先根據病人的病歷去安排檢查以排除繼發性原因，例如以糞便檢查排除寄生蟲感染。假如病人的嗜酸性白血球長期增高，又找不到繼發性原因，那醫生可能需要做骨髓檢查及基因檢查去找尋原發性的病因。

嗜酸性白血球太多的話，會入侵心臟、肺部、腸臟等器官，造成破壞。而使用類固醇可以幫助降低嗜酸性白血球數量。

5. 嗜鹼性白血球指數（Basophil / BAS%）

　　嗜鹼性白血球是血液裡數量最少的白血球，基本上只有一個重要的原因會令嗜鹼性白血球增高，就是慢性骨髓性白血病（CML）（詳見第 3.4 篇〈費城染色體的傳奇〉），其他書本上記載的原因都非常罕見。

　　全血細胞分析檢查雖然是最基本的，也是醫院中最常進行的血液檢查，但它非常重要，而且內裡也隱藏了不少奧妙的學問，絕對是醫生不可或缺的好幫手。

	指標	部分有關的疾病
紅血球指標	血紅蛋白水平（HGB）	• 紅血球增多或血液濃縮造成的疾病（高） • 各型貧血（低）
	紅血球數量（RBC）	
	紅血球平均體積（MCV）	• 小球性貧血（缺鐵性貧血、地中海貧血症）（低） • 正常球性貧血（急性失血、慢性病性貧血、慢性腎病引起的貧血、溶血性貧血、骨髓衰竭）（正常） • 大球性貧血（維生素 B12 或葉酸缺乏症、骨髓異變綜合症）（高）
	紅血球分佈寬度（RDW）	• 缺鐵性貧血（高） • 中型及重型地中海貧血（高） • 骨髓纖維化（高） • 維生素 B12 或葉酸缺乏症（高）
	紅血球平均血紅蛋白量（MCH）	• 缺鐵性貧血（低） • 地中海貧血（低）
	紅血球平均血紅蛋白濃度（MCHC）	• 遺傳性球形紅細胞增多症（高） • 冷凝集素病（高）
	紅血球比容（HCT）	• 紅血球增多或血液濃縮造成的疾病（高） • 各型貧血（低）

白血球分類計數	嗜中性白血球指數 （Neutrophil / NEU%）	• 感染及發炎（高） • 藥物作用（高） • 某些血液癌症（高）
	淋巴球指數 （Lymphocyte / LYM%）	• 慢性淋巴性白血病（高） • 淋巴癌（高） • 傳染性單核白血球增多症（高） • 百日咳（高）
	單核球指數 （Monocyte / MON%）	• 感染及發炎（高） • 慢性骨髓單核細胞白血病（高） • 毛細胞白血病（低）
	嗜酸性白血球指數 （Eosinophil / EOS%）	• 過敏反應（哮喘、濕疹、藥物過敏）（高） • 寄生蟲感染（高） • 皮膚病（高） • 自身免疫系統疾病（高） • 慢性嗜酸性粒細胞性白血病（高） • PDGFRA、PDGFRB 或 FGFR1 基因變異引起的血液癌症（高）
	嗜鹼性白血球指數 （Basophil / BAS%）	• 慢性骨髓性白血病（高）
其他指標	血小板數量（PLT）	• 特發性血小板減少性紫癜（低） • 各種骨髓病變（低） • 原發性血小板血症（高）

表 1.6.2 血細胞指標可檢測的疾病

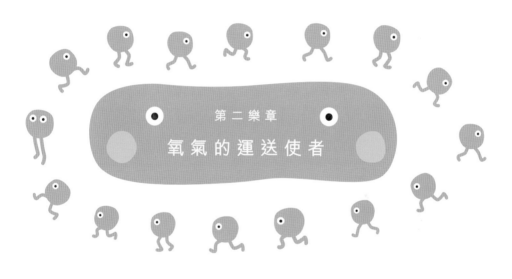

第 二 樂 章

氧氣的運送使者

2.1 貧血是甚麼？

血液科是一門較為冷門的醫學專科，大眾對它的認識大多都不深。那麼談起血液疾病，在大家的腦海中最先泛起的是甚麼呢？不少人最先想到的大概是貧血。

其實貧血並不是一種疾病，而是一個由疾病引起的現象；就好像發燒本身並不是一種疾病，它只不過是一個由感染引起的現象。

貧血指血液中的血紅蛋白量不夠，令血液攜帶氧氣的能力下降。貧血病人的身體組織得不到足夠的氧氣，所以會有疲倦、呼吸急促、心悸、運動能力下降等症狀。另外，病人眼睛結膜（conjunctiva）會變得蒼白，所以醫生為病人檢查時常常會翻起其眼瞼觀察，因為這是一個既簡單又可以快速偵測貧血的方法。

引起貧血的疾病有很多，但要了解它們的原理，我們必須回到基本，先了解紅血球合成的過程與它的構造。

紅血球由骨髓中的紅血球先驅細胞製造，但骨髓也不是為所欲為的，腎臟會透過合成出紅血球生成素（erythropoietin）這種賀爾蒙來控制骨髓製造紅血球的速度。紅血球生成素是一種刺激骨髓製造紅血球的激素。當身體的紅血球不足夠時，腎臟就會合

成更多紅血球生成素，令骨髓加快製造紅血球；相反，當身體的紅血球太多時，腎臟就會減少紅血球生成素的合成，令骨髓製造紅血球的速度減慢。

　　紅血球在血液中的壽命只有約 120 天，之後它便會被脾臟移除，脾臟會把舊紅血球的原料回收，送到骨髓合成新的紅血球。

　　紅血球的表面由細胞膜組成一個雙凹的形狀，入面包著紅血球的「核心靈魂」——血紅蛋白。之所以稱血紅蛋白為紅血球的「核心靈魂」，是因為紅血球能夠運送氧氣到身體各部位，全賴血紅蛋白的幫助。

　　血紅蛋白英文為 haemoglobin，「蛋白如其名」，它是由血基質（haem）與球蛋白（globin）這兩大部分組成的。血基質由紫質（porphyrin）——一種大分子雜環化合物合成，而血紅蛋白分子由四個血基質與四個球蛋白肽鏈合成。每個血基質的正中間含有一個鐵原子，可以攜帶一個氧分子。一個血紅蛋白分子有四組血基質及球蛋白肽鏈，就可以攜帶四個氧分子（詳見第 2.3 篇〈紅血球的教父——佩魯茨〉）。

　　除了血紅蛋白外，紅血球內亦有其他酶，以維持細胞的基本新陳代謝，例如葡萄糖 -6- 磷酸去氫酶（glucose-6-phosphate dehydrogenase，簡稱 G6PD）可以保護紅血球免受氧化攻擊，丙酮酸激酶（pyruvate kinase）則負責製造 ATP，為紅血球提供能量。

紅血球沒有細胞核，理論上成熟的紅血球是沒有 DNA 的，不過在它成熟的過程中一樣需要合成出 DNA，只不過成熟了之後不再需要。DNA 的合成需要用到維生素 B12 及葉酸。

　　在明白了紅血球的合成過程與構造後，我們就可以更了解貧血的成因。從機制來說，貧血的成因可以分成紅血球製造得太少，或流失得太多。正如人窮的原因，不外乎是賺錢賺得不夠，或者花錢花得太多。

　　以紅血球製造不足的成因來說，任何骨髓問題，如白血病、骨髓異變綜合症（myelodysplastic syndrome）、骨髓纖維化，都可以引起貧血。腎衰竭令腎臟不能有效地合成紅血球生成素，減慢紅血球的合成。鐵質、維生素 B12 及葉酸都是合成紅血球必不可少的原材料，缺乏這些原材料都會影響骨髓製造紅血球，造成貧血（詳見第 2.2 篇〈鐵與血〉及 2.6 篇〈惡性貧血與吃肝療法〉）。

　　至於紅血球流失得太多的原因，最顯而易見的便是失血過多，如血管因意外破損和內臟出血。自身免疫性溶血性貧血的患者因免疫系統失調，自行製造抗體攻擊自己的紅血球，令身體的紅血球減少（詳見第 2.7 篇〈紅血球眾生相〉）。亦有病人的紅血球先天性有缺陷，例如細胞膜缺陷（遺傳性球形紅細胞增多症、遺傳性橢圓形紅細胞增多症，詳見第 2.7 篇〈紅血球眾生相〉）、血紅蛋白缺陷（地中海貧血症，詳見第 2.5 篇〈都是瘧疾的錯（下）——地中海貧血症〉）、酶缺陷（G6PD 缺乏症、丙酮酸激酶缺乏症，詳見第 2.7 篇〈紅血球眾生相〉），這些病人特別容易出

現溶血引起的貧血。

在臨床上，紅血球指標，特別是MCV是醫生診斷貧血必不可少的工具（詳見第1.6篇〈怎樣看懂全血細胞分析檢查報告？〉）。不同的疾病對MCV有不同影響，於是醫生又會根據MCV把貧血歸類為MCV低的貧血，MCV正常的貧血與MCV高的貧血。大家都知道醫學界最喜歡發明一些看似很酷又很複雜的醫學術語來表達非常簡單的概念，於是上述的三種貧血亦各有個看似很酷又很複雜的學名，分別叫做小球性貧血（microcytic anaemia）、正常球性貧血（normocytic anaemia）及巨球性貧血（macrocytic anaemia）。

表2.1.1 概括地把常見的貧血原因分成三大類：

小球性貧血	• 缺鐵性貧血 • 地中海貧血症
正常球性貧血	• 急性失血 • 慢性病性貧血 • 慢性腎病引起的貧血 • 溶血性貧血（自身免疫性或先天性） • 骨髓衰竭
巨球性貧血	• 維生素 B12 或葉酸缺乏症 • 骨髓異變綜合症

表 2.1.1 三類常見的貧血

《血液狂想曲1》的這段樂章將以紅血球為主題，由各種紅血球的生理與病理知識交織而成，請各位細心欣賞。

2.2 鐵與血

　　俾斯麥〔Otto von Bismarck, 1815–1898〕是普魯士的首相兼德國統一後首任宰相。他是其中一個史上最出色的政治家，他一手一腳促成德國在 1871 年的統一，又以令人讚嘆的外交手段使新誕生的德國可以在列強林立的情況下安然崛起，成為歐洲第一強國。俾斯麥最為人所知的莫過於他發表的「鐵血政策」，提出以「鐵與血」去解決重大的政治與外交問題，他也因此而得到「鐵血宰相」的稱號。俾斯麥把鐵與血聯繫在一起，也許只不過是用作一個令人注目的比喻，誰不知鐵與血在生理學上的確是息息相關，密不可分的，因為血紅蛋白分子中正正包含了鐵原子，所以紅血球必須有足夠的鐵質才可健康成長。

鐵的生理學

　　鐵質是用來製造紅血球中的血紅蛋白。鐵質不夠會減少身體的血紅蛋白，令紅血球不能有效運送氧氣，身體組織可能會不夠氧氣。

　　一般現代人每日的飲食中約有 10 至 15 毫克的鐵質，但我們只會吸收當中的大約 5% 至 10%，也就是每日吸收約 1 毫克的鐵質，而人體每日會透過尿液、消化道流失、汗液及女士的經血正

好流失約 1 毫克的鐵質，於是我們身體的鐵質可以維持在一個理想的平衡中。值得一提的是，身體較易吸收肉類中的鐵質，因為它們以血基質鐵（haem iron）的形式存在。某些蔬菜、蛋及奶類食物一樣含有豐富的鐵質，然而身體卻不容易吸收它們的非血基質鐵（non-haem iron）。現在有很多人都崇尚「素食主義」的養生方式，認為素食比較健康，不過從營養學的角度來説，素食容易導致缺乏營養，所以大家不要盲目跟隨潮流，人云亦云啊！均衡飲食才是最佳及最健康的飲食方法。

鐵質在十二指腸（duodenum）中被吸收。食物中的大部分鐵質都是三價鐵（ferric iron，即 Fe^{3+}），但十二指腸只吸收二價鐵（ferrous iron，即 Fe^{2+}），所以必須依靠小腸細胞的上的鐵離子還原酶（ferric reductase）把食物中的鐵還原成二價鐵，鐵質才能被吸收，而十二指腸酸性的環境與抗氧化物，例如維生素 C 都可以幫助鐵維持在二價鐵的狀態，幫助吸收。這個生理知識可以幫助我們理解很多與鐵質相關的現象，例如常吃胃藥的病人，他們的胃的酸性減少，令十二指腸的酸性也減低，影響鐵質的吸收。另外，大家有試過捐血嗎？紅十字會的護士一般都會為捐血的朋友提供維生素 C 的補充劑，這也是為了幫助捐血者吸收鐵質，避免他們因捐血而出現缺鐵性貧血。

鐵質會經由 DMT1 轉運體（DMT1 transporter）進入腸細胞，之後再由運鐵素（ferroportin）離開腸細胞，進入血液。運鐵素就像是鐵質的「運輸工具」，幫助鐵質從腸走到血液中。慢性病的病人，例如感染、炎症或者癌症的患者常出現貧血，這個情況

被稱為慢性病性貧血。大家可能以為病人久病未癒，自然體虛血弱，貧血實乃合情合理。但原來慢性病性貧血的機制可是與運鐵素這個鐵質的「私家通道」密不可分，我們之後會再作探討。鐵質進入血液後會重新被氧化成三價鐵，它是一種很強的氧化物，需要依靠運鐵蛋白（transferrin）運載，以確保它不會危害其他細胞。運鐵蛋白把鐵運送到需要鐵質的細胞，然後卸下，而最大的用家當然是我們的老朋友——紅血球的先驅細胞。

多出來的鐵質會儲存在鐵蛋白（ferritin）中。鐵蛋白可以溶於血液中，在血液運行，而每個鐵蛋白可以儲存約4,500個三價鐵離子。鐵質也會儲存在身體組織裡的含鐵血黃素（hemosiderin）中，這是一種由巨噬細胞溶酶體分解了死去的血紅蛋白後轉化而成的蛋白質，它並不溶於水。我們可以用特別的普魯士藍（Prussian blue）染料去為組織中的含鐵血黃素上色，它會被染上藍色（圖2.2.1）。其實大家在高中化學課時可能已經學過這個偵測三價鐵離子 Fe^{3+} 的化學反應了。還記得鐵氰化鉀（potassium hexacyanoferrate(III)，又叫 potassium ferricyanide，$K_3[Fe(CN)_6]$）遇上三價鐵離子 Fe^{3+} 會變藍嗎？普魯士藍染料正正含有這種化學物，並利用這個化學反應偵測含鐵血黃素。雖然現時已經有各式各樣的新技術幫助化驗師測量病人的鐵儲備，不過利用骨髓細胞進行鐵染色的方法依然被視為「黃金標準」。

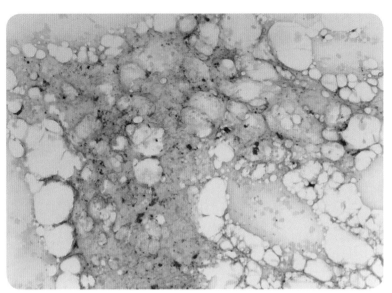

圖 2.2.1 普魯士藍染料把骨髓組織中的含鐵血黃素染成藍色。

1	進食含鐵質的食物並到達十二指腸
2	鐵離子還原酶把食物中的鐵還原成二價鐵
3	鐵質經過十二指腸表面的 DMT1 轉運體進入腸細胞
4	十二指腸腸細胞中的鐵質經運鐵素進入血液
5	鐵質被氧化成三價鐵，依靠運鐵蛋白運載，在血液中運行
6	運鐵蛋白把鐵質運送到需要鐵質的細胞
7	多餘的鐵質儲存在鐵蛋白或含鐵血黃素

表 2.2.1 鐵質的吸收過程

正如體內的大部分物質，鐵質也必須保持平衡，身體才會健康，太多與太少都不可以。身體有嚴密的系統去控制體內的鐵質。最重要的一個機制是鐵調素（hepcidin）。鐵調素是一種由肝臟合成的賀爾蒙，它可以控制腸細胞上的運鐵素數量，調節體內的鐵量。當身體的鐵質太多時，肝臟就會生產多些鐵調素，以減少腸細胞的運鐵素，缺少了運鐵素，被吸收的鐵質減少了，令身體的鐵質可以保持正常水平。同樣地，如果身體缺乏鐵質，肝臟會減少製造鐵調素，以增加腸細胞的運鐵素，令鐵質可以更有效地被吸收。另一個調控鐵質的機制需要運用到鐵調節蛋白（iron regulatory protein）與 mRNA 上的鐵反應元件（iron responsive element），這牽涉到複雜的分子生物學機制，我們就不作詳談了。

缺鐵性貧血

嬰幼兒與兒童常出現缺鐵性貧血，因為他們在快速成長，細胞增長會使用到鐵質，因此身體需要大量鐵質。如果他們在飲食中吸收的鐵質不足夠，便會令鐵質供不應求。這情況在六個月大以後卻只服用母乳的幼兒中特別常見。母乳絕對是六個月大以下的嬰幼兒的最佳食物，這點是無庸置疑的。只不過在六個月以後，純母乳便可能不足以應付小朋友的鐵質需求，這時候家長可以為小朋友增加其他富含鐵質的食物，或者選用有補充鐵質的配方奶。

　　對於一個飲食正常的成年人，吸收的鐵質理應很足夠，但他們仍然可以因為長期失血而出現缺鐵性貧血。因為紅血球中有鐵質，長期失血等如不斷流失鐵質，自然容易令鐵質缺乏。這情況在年輕女士中特別常見。相信大家都總會認識一兩位年輕女士朋友有貧血吧？這是因為年輕女士每個月都會因經期而流失血液，經期過多便容易導致缺鐵性貧血（圖2.2.2）。這是一個常見且容易處理的問題，只要服用鐵丸補充鐵質，在必要時使用氨甲環酸（tranexamic acid）以減少出血就可以了。另外，使用口服避孕藥也可以減輕女士經期的常見問題，例如經期過長、月經次數過多、經血過多等。不少人以為口服避孕藥很傷身，事實卻正好相反，服用口服避孕藥其實有不少好處，除了減輕經期過多的問題外，更可令經期更穩定，減輕經痛，減少患上良性乳房腫瘤、卵巢癌及子宮頸癌的機率。

　　但成年男士或停了經的女士出現缺鐵性貧血就非常不尋常了。醫生遇到這些病人時往往會份外小心去找出長期失血的原因，例如為病人安排腸鏡與胃鏡的檢查去排除腸胃出血。缺鐵性貧血可能是初期大腸癌的唯一病徵，一位心思細密的醫生可以從這小小的提示中找到病因，令病人及早得到治療，救活病人。但假如醫生錯過了這個提示，只以鐵丸為病患補充鐵質，就可能令病人的治療延誤了。因此當年醫學院的教授就再三叮囑我們，貧血不是疾病，甚至缺鐵性貧血也不是疾病，它們只是疾病引起的現象，醫生必須找到最根本的病因，才可以治好病人。

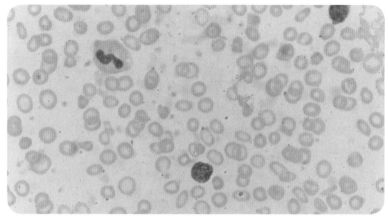

圖 2.2.2 缺鐵性貧血病人的周邊血液抹片

慢性病性貧血

　　除了缺鐵性貧血外，慢性病性貧血也是另一個與鐵質相關的貧血病症。當病人受感染、患有發炎或者癌症，身體中的細胞因子（cytokine）增加，刺激肝臟多製造鐵調素，減少腸細胞及巨噬細胞上的運鐵素。運鐵素是鐵質的「運輸工具」，缺少了就會令鐵質不能離開腸細胞。這就好像一位富翁在某個封閉的國家中賺了很多錢，但因外匯管制匯不出錢一樣，得物無所用。如果我們為慢性病性貧血的病人檢查鐵蛋白量，或者利用普魯士藍染色檢查骨髓中的巨噬細胞（巨噬細胞一樣需要利用運鐵素去運走儲存的鐵質），會發現病人根本上就儲存了大量的鐵，只不過它們全都被困住，用不到而已。為甚麼身體要困住鐵質呢？我們相信這是一個演化出來保護身體的機制。鐵質是細菌的養分，太多的鐵質會令細菌快速生長，一發不可收拾，於是身體慢慢演化出這個

機制，確保在感染的時候，鐵質被困在細胞內，血液中的鐵質減少，以抑制細菌的生長。

鐵質太多好嗎？

缺乏鐵質當然不好，但原來太多鐵質同樣致命。例如重型地中海貧血症患者需要長期接受輸血，每輸一包血約有 200 至 250 毫克鐵質，約輸 20 包血後，身體中鐵質的水平變會高至有害的水平，需終生輸血的重型地中海貧血症患者，很容易出現鐵質過量的問題。但我們身體卻沒有機制排走額外的鐵質，只能夠排走固定的分量（1 毫克），鐵質「有入無出」，結果會積聚在身體不同器官中，做成破壞。鐵質對器官有毒，積聚在肝臟會造成肝硬化；積聚在心臟會引起心臟衰竭；積聚在胰臟則會引發糖尿病。因此醫生必須監察著這些病人的鐵蛋白含量，假如高過一定水平，就需要考慮為病人處方除鐵藥。不過除鐵藥會為病人帶來很多麻煩，往往都受病人抗拒。因為輸血治療的普及，重型地中海貧血症患者已經甚少因為貧血而死，但因為鐵質過量引發的併發症而死卻時有發生。

西方人有一個常見遺傳性疾病——遺傳性血鐵沉著症（hereditary haemochromatosis），患者因基因突變而影響鐵質的新陳代謝，令身體大量吸收鐵質，造成鐵質過多，引起肝硬化、心臟衰竭、糖尿病等的併發症，幸好這疾病在亞洲人中並不常見。至於治療方法是甚麼？這就涉及一個臭名遠播的療法，我們先在此賣個關子，在之後的文章會再作詳細介紹。

2.3　紅血球的教父──佩魯茨

　　1962 年，華生（James Watson, 1928-）、克拉克（Francis Crick, 1916-2004）及威爾金斯（Maurice Wilkins, 1916-2004）因發現 DNA 的分子結構而獲得諾貝爾生理學或醫學獎。華生與克拉克大概是科學史上名氣最高的生物學家之一，然而，較少人知道的是，同一天在瑞典斯德哥爾摩市政廳中從瑞典國王手上接到諾貝爾獎項的，還有華生與克拉克的同事，花了畢生精力研究血紅蛋白的佩魯茨（Max Perutz, 1914-2002），他獲得的是諾貝爾化學獎。

卡文迪許實驗室

　　佩魯茨先在維也納大學攻讀化學，其後在 1936 年轉到英國劍橋大學的卡文迪許實驗室（Cavendish Laboratory）攻讀博士。卡文迪許實驗室是一個物理學實驗室，而且是實驗室中的「明星」，成立至今共有 29 名在此實驗室進行過研究的人獲得諾貝爾獎。他的首任主管是建立了現代電磁學的馬克斯威（James Clerk Maxwell, 1831-1879），在物理學中，他的地位高得大概可以與牛頓與愛因斯坦相提並論。之後幾任主管分別是發現氫氣及瑞利散射的瑞利（John William Strutt, 3rd Baron Rayleigh, 1842-1919）、發現電子的湯姆森（Joseph John Thomson,

1856-1940）及發現原子中心是原子核的「原子核物理學之父」盧瑟福（Ernest Rutherford, 1871-1937），他們三人都是諾貝爾獎的得獎者。可想而知，這個實驗室在學術界中的地位有多高。

但卡文迪許實驗室始終是一個物理學的實驗室，為甚麼之後會成為了分子生物學的聖地呢？這就要從它的第五任主管布拉格（William Lawrence Bragg, 1890-1971）說起。他當然也是位諾貝爾獎得獎者，而且他在 25 歲的時候已經因 X 射線繞射術（X-ray diffraction）與父親一起獲得諾貝爾物理學獎。直至現在，他仍然是史上最年輕的諾貝爾科學獎得獎者。古語有云：「小時了了，大未必佳」，這句說話卻不適用於布拉格身上，因為他在當上了實驗室主管後又邁向了另一個學術上的高峰，他帶領了實驗室用他研發的 X 射線繞射術研究生物分子的結構，令實驗室成了分子生物學誕生初期的重地。

血紅蛋白的結構

好，介紹過卡文迪許實驗室之後，讓我們重新回到我們的主角——佩魯茨。在他剛進卡文迪許實驗室的時候，科學界已經知道蛋白質是生物運作的重要物質，卻沒有人知道它的結構。佩魯茨決心用 X 射線繞射術這種物理學的技術破解蛋白質的結構。X 射線繞射術只能夠測量結晶，而血紅蛋白是當時少數可以做到結晶的蛋白質之一。佩魯茨在學習這技術的時候，因緣際會下獲得了馬的血紅蛋白結晶。就這樣，他遇上了令他「魂牽夢繞，情繞一

生」的蛋白質。那時他可不知道，他這個研究一做就做了 22 年。

　　讓我們先了解一下佩魯茨使用的 X 射線繞射技術。X 射線是一種波，就如所有波一樣，都有繞射（diffraction）的性質，在傳播過程中經過障礙物時會偏離原本的傳播路線，擴展開去。這就好像我們即使隔著牆說話，牆另一邊的人都一樣可以聽到，因為聲波從牆的邊緣中發生繞射，繼續傳播。同樣地，波穿過由晶體中原子規則排列成的晶胞時，一樣可以出現繞射。但原子很小，大部分波的波長都比它長得多，令繞射不明顯。但 X 射線的波長與原子大小接近，所以繞射很顯著。只要把 X 射線穿過血紅蛋白結晶，再觀察繞射圖案，就可以得知血紅蛋白中原子的相對位置。佩魯茨的目標是弄清每個原子的精確位置，得出血紅蛋白的三維結構。佩魯茨又發明了巧妙的同晶置換法（isomorphous replacement），把汞原子（mercury）這種重原子加到血紅蛋白分子中，去解決測量時遇到的「相位問題」（phase problem）。

　　說易行難，每個血紅蛋白大約有 12,000 個原子，而且當年並沒有先進的電腦幫手，佩魯茨的計算工作只能依靠人手及原始的計算工具。這有多困難呢？當年華生與克拉克只有三組獨立的數據：DNA 雙螺旋的寬度、平行鹼基間的距離、螺旋轉一圈的高度，他們利用這三組數據再藉由建構模型的方法去解出 DNA 的結構，他們之所以成功是因為 DNA 分子的重複性很高。但這方法在血紅蛋白上可行不通，因為蛋白質並沒有週期性結構，而且它的結構摺疊方式是完全不規則的。佩魯茨要解開血紅蛋白的結構，就需要定出幾千個獨立的數值，而且每個原子的位置都是由三個座標決定的。

佩魯茨自己曾在一次訪問中提及過，他覺得蛋白質結構的困難度大約是 DNA 結構的 1,000 倍吧。佩魯茨把 22 年的時間貢獻給同一個科學問題，這種堅毅不屈的精神簡直可以稱得上是現代的愚公移山。

佩魯茨在 1960 年描述了血紅蛋白在 5.5Å 解析度（1Å = 10^{-10} 米）中的三維結構，並在 1962 年獲得了諾貝爾化學獎。但他的工作並未因而完結，他又繼續研究高解析度的氧合血紅蛋白（oxyhaemoglobin）及脫氧血紅蛋白（deoxyhaemoglobin）的三維結構。

血紅蛋白分子由四個亞基（subunit）組成，每個亞基都包含了一個血基質與一個球蛋白肽鏈。儲存氧分子的地方是血基質中央的一個鐵離子，氧分子便是與此鐵離子結合，所以每個血紅蛋白可以攜帶四個氧氣分子。佩魯茨發現的結構可以用來解釋很多生理學與醫學上的問題。

例如同樣來自卡文迪許實驗室的英格拉姆（Vernon Ingram, 1924–2006）發現血紅蛋白是由相同的兩半組成，這個發現顯示了血紅蛋白由兩對相同的球蛋白肽鏈組成，這與佩魯茨的三維結構非常吻合。成年人最主要的血紅蛋白是 HbA，我們把它的兩對球蛋白肽鏈分別稱為 α 鏈與 β 鏈。HbA 佔成年人紅血球中血紅蛋白約 95%。新生嬰兒中最主要的血紅蛋白是 HbF，它由一對 α 鏈與一對 γ 鏈組成。成年人的紅血球中也有少量的 HbF 及 HbA2。HbA2 由一對 α 鏈與一對 δ 鏈組成。請大家緊記這個概念，因為

它對我們之後理解地中海貧血症或鐮刀型細胞貧血症（sickle cell anaemia）等的血紅蛋白疾病至關重要。

英格拉姆又用胰蛋白酶（trypsin）處理正常的血紅蛋白與鐮刀型細胞貧血症患者的血紅蛋白，發現 β 鏈的第六個胺基酸由麩胺酸（glutamic acid）變成纈胺酸（valine）。原來一個如此嚴重的疾病只不過由一個胺基酸的改變而形成，佩魯茨的血紅蛋白三維結構可以幫助我們了解為何一個如此簡單的改變可以帶來這麼致命的疾病。

血紅蛋白最神奇的性質

佩魯茨的發現更可以解釋血紅蛋白最神奇的性質——改變自己與氧結合的能力。血紅蛋白是一種很「聰明」的蛋白質，它很清楚自己何時應該努力工作，何時應該休息，能屈能伸，能收能放。血紅蛋白負責攜帶氧氣，把氧氣運送到身體各個組織。試想想，如果血紅蛋白只是出盡「洪荒之力」死死地捉緊氧氣，不懂得放，那麼身體組織會因得不到足夠的氧氣而缺氧死亡。血紅蛋白在氧氣充足的環境中緊緊地捉實氧氣，並在氧氣缺少的環境下把氧氣盡量釋放出來。這是因為血紅蛋白由四個亞基組成，氧氣在氧氣充足的環境中，便會與其中一個亞基結合，而結合時球蛋白肽鏈的結構會產生變化，令整個血紅蛋白分子的結構改變，這個變化令第二個亞基更容易與氧氣結合，而這又進一步令血紅蛋白分子改變，使第三個亞基更容易與氧氣結合，如此類推，最後

紅血球會很有效率地同時與四個氧氣分子結合。同樣地，在氧氣缺少的環境下，當氧氣從第一個亞基中離開時，會改變血紅蛋白的結構，令氧氣更容易從其他亞基中離開，如此類推，這使得血紅蛋白可以輕易在低氧氣的情況下迅速地釋放氧氣。這個有趣的現象被稱為「正協同效應」（positive cooperativity）。透過這個機制，血紅蛋白可以快速在肺部中獲得氧氣，並在低氧的組織中把氧氣釋出。

最後，佩魯茨也提出了機制去解釋「波耳效應」（Bohr effect）。簡單來說，波耳效應是指血紅蛋白分子在高二氧化碳的環境下特別容易釋出氧氣，它由丹麥生理學家波耳（Christian Bohr）發現。（大家覺得波爾這個名字很熟悉吧？沒錯，這位基斯頓・波耳 Christian Bohr 正是大名鼎鼎的量子力學始祖之一，尼爾斯・波耳 Niels Bohr 的父親。）波耳效應又是個非常「聰明」的現象，因為釋放得多二氧化碳的組織一般都是運動量高，需要較多的氧氣去產生能量的組織，所以波耳效應有助確保氧氣沒有「資源錯配」，而是落在最需要的組織手上。原來二氧化碳可以被轉換成碳酸（carbonic acid），並釋出質子，質子會與血紅蛋白中的幾個胺基酸產生反應，影響血紅蛋白的構造形態，令氧氣可以快速地離開血紅蛋白分子。

佩魯茨是分子生物學誕生初期的領軍人物之一，他把一生都獻給了同一個科學問題，他的毅力可以說是科學界的典範。華生及克拉克發現 DNA 分子結構或多或少都有點幸運成分，因為 DNA 分子比較簡單，對稱性很強，但對生物運作至關重要，在學

術研究的角度來説「性價比」很高。但佩魯茨破解了一個複雜得多的蛋白質結構，他的成功絕對是天賦與勤奮互動出來的結果。他的工作也把分子生物學與醫學聯繫起來，使血液學成為了第一個應用到分子生物學的醫學專科。

血液小趣聞　佩魯茨的冰製航空母艦

用了 22 年時間去破解血紅蛋白三維結構的分子生物學始祖佩魯茨雖然一生醉心於研究血紅蛋白，但原來他在第二次世界大戰的時候曾經被英國派去研發一種類似科幻小説中出現的秘密武器——冰製航空母艦。話説佩魯茨是一位晶體學專家，他曾經研究過冰川的晶體結構。於是英國就徵召了他去研究冰的物理特性，設法令冰變得不易碎裂。英國的構想是製造一座冰製的機場，配備冷凍裝備，然後拖到大西洋中央，作為飛機從美國飛往英國的臨時基地，同時也令飛機可以有足夠航程攻擊北大西洋中德國的 U 型潛艇，這基本上就是一艘冰製航空母艦。

佩魯茨與另外一位聚合物專家研究出把化學物混合到冰裡，令冰不再易碎，可以用來做冰製航空母艦的材料。不過這物質始終像冰一樣，會流動與變形，要強化它就需要用鋼鐵。最後海軍得出結論，強化用的鋼鐵比直接用鋼鐵打造戰艦所需的還多，最後放棄了這計劃。

2.4 都是瘧疾的錯（上）──
鐮刀型細胞貧血症

世上殺人最多的動物

大家知道世界上殺人最多的動物是甚麼嗎？

兇猛的獅子？殘暴的鱷魚？可怕的蛇？原來通通都不是。世界首富比爾蓋茨（Bill Gates）曾綜合多份報告的數據，發現世界上殺人最多的動物竟然是看似細小而無害的蚊子！英國廣播公司新聞（*BBC news*）、商業內幕月刊（*Business Insider*）及 *CNET* 媒體都做過類似的分析而有相同的結論。

獅子每年殺死約 100 人，鱷魚每年殺死約 1,000 人，蛇每年殺死約 50,000 人。至於蚊子每年卻殺死多達 750,000 人！另外值得一提的是排名第二的是人類自己，每年約有 475,000 人死於自己同類手上。

蚊子之所以成為殺人之冠，是因為牠可以傳播瘧疾（malaria）。瘧疾是一種可怕的嚴重疾病，它由瘧原蟲屬的寄生蟲引起，當帶有瘧原蟲的蚊子叮咬人時，瘧原蟲便會進入血液，並走到紅血球內生長，造成溶血（haemolysis）。患者通常會出現發燒、發冷、頭痛等病徵，嚴重的病人更會出現器官衰竭、昏迷，甚至死亡。

「物競天擇，適者生存」的哀歌

非洲在很久以前已經受到瘧疾的肆虐，這種殺人無數的寄生蟲會感染人體的紅血球。於是久而久之，不知是福還是禍，非洲人竟然漸漸演化出可以預防紅血球受感染的基因——鐮刀型細胞貧血症（sickle cell anaemia）的基因，紅血球結構的改變令到瘧原蟲較難進入。

顧名思義，鐮刀型細胞貧血症患者的血液中充滿了鐮刀狀的紅血球。這些血液中的鐮刀就如死神的鐮刀般可怕，死在它手上的病人不計其數。鐮刀型細胞貧血症的變異基因屬於隱性基因，遺傳到一條正常基因與一條鐮刀型細胞貧血症的變異基因的人，仍會有正常的紅血球，卻可以減少紅血球被瘧原蟲感染的風險，令因瘧疾而死的人數減少，這原是一件很美好的事。亦因為這原因，非洲越來越多人擁有變異基因，這就是達爾文「物競天擇，適者生存」的現象。奈何，當人同時遺傳到兩條變異的基因，就會得到惡名昭彰的鐮刀型細胞貧血症。

世上首個分子遺傳疾病

鐮刀型細胞貧血症的發現史在醫學長河中佔有非常重要的地位，它是醫學史上首種被發現的分子遺傳疾病。諾貝爾獎史上唯一一位同時獲得化學獎與和平獎的科學家，差點搶先華生及克拉克一步發現 DNA 結構的天才化學家鮑林（Linus Pauling, 1901–

1994）在 1949 年為鐮刀型細胞貧血症患者和鐮刀型細胞貧血症基因攜帶者的血紅蛋白進行電泳分析，發現正常人和貧血患者的血紅蛋白的電泳圖案有明顯不同，從而推斷出鐮刀型細胞貧血症是由於血紅蛋白分子的缺陷造成的。

　　現在科學家已經了解到鐮刀型細胞貧血症的變異基因其實是由血紅蛋白中 β 球蛋白基因的突變引起的，這突變令血紅蛋白中的其中一個胺基酸改變了，由 HbA 變成 HbS 血紅蛋白。在缺乏氧氣的情況下，HbS 血紅蛋白會連結聚合在一起，形成鐮刀型的紅血球（圖 2.4.1）。這些病變的血紅蛋白令紅血球結構不穩，很易受到破壞，病人會出現溶血性貧血。除此之外，鐮刀型紅血球會較易黏附在血液內壁上阻塞血管，令身體組織缺氧而受損。患者的脾臟會因缺血而失去功能，令他們容易受到嚴重感染（詳見第 1.4 篇〈神秘的脾臟〉）。患者的血管阻塞令組織缺血壞死，不時會有週期性的骨骼及胸部疼痛。其他常見的併發症包括中風、視網膜病變、關節缺血性壞死（avascular necrosis）、腎病變、陰莖異常勃起（priapism）等，影響之大遍佈全身。

　　除了基本的周邊血液抹片檢查去偵測鐮刀狀的紅血球外，現代的血液學化驗室還有幾種不同方法診斷鐮刀型細胞貧血症。其中最常用的方法是高效液相色譜法（high performance liquid chromatography，簡稱 HPLC）。這是一種化學分析技術，可以分離出不同種類的血紅蛋白。首先，帶正極的血紅蛋白會被注入到色譜柱中，它們會與色譜柱中負極的物質有交互作用。之後，帶有正離子的液體會被加入色譜柱中爭奪血紅蛋白，把血紅蛋白

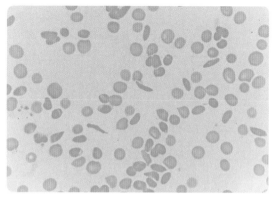

圖 2.4.1 鐮刀型細胞貧血症
病人的周邊血液抹片

帶離色譜柱。由於不同的血紅蛋白與色譜柱中的物質有不同的交互作用，所以它們會在不同時間離開色譜柱，我們稱這個時間為「滯留時間」（retention time）。

另一種診斷方法是使用凝膠電泳（gel electrophoresis），這是一種較便宜的方法，大家上高中生物課的時候都可能做過類似的實驗去分析 DNA。分析血紅蛋白的方法其實與分析 DNA 的方法如出一轍，就是把血紅蛋白的混合物放到凝膠上，再通上電流，由於不同的血紅蛋白有不同的電荷，它們在電場中以不同的速度移動。只要觀察不同血紅蛋白的移動特性，就可以知道它們的身份。

除了以上的方法外，還有一個舊式的傳統檢查──鐮刀型細胞可溶性檢查（sickle cell solubility test）。檢查的方法是把病人的血液與含有磷酸（phosphate）及還原劑連二亞硫酸鈉（sodium dithionite）的試劑混合，如果血液中含有 HbS 血紅蛋白，混合物就會變得混沌而不透光。

　　圖 2.4.2 最左邊的試管是陽性對照（positive control），它用了已知含有 HbS 血紅蛋白的血液；而中間的是陰性對照（negative control），它用了已知不含有 HbS 血紅蛋白的血液。大家可以見到最左邊的試管中的溶液不透光，試管後的三條橫線已經看不到了。反之，中間的試管由於不含有 HbS，所以依

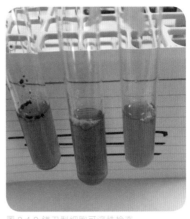

圖 2.4.2 鐮刀型細胞可溶性檢查

然可以透光，試管後的三條橫線依然清晰可見。最右邊的試管則是病人的血液。大家覺得這個病人有沒有異常的 HbS 血紅蛋白呢？

　　當然，最準確的方法始終是利用分子遺傳學的方法檢查病人的 β 球蛋白基因，只不過這方法又複雜又昂貴，大部分的情況之下使用剛才提及的方法已經足夠了。

　　雖然科學家在半個世紀多前已經發現鐮刀型細胞貧血症，但到今時今日仍未找到除了骨髓移植之外的有效根治方法。醫生大多只能使用止痛藥及靜脈點滴等的輔助治療減輕血管阻塞引起的不適。為了減低出現併發症的機會，醫生也會為病人輸血及使用藥物羥基脲（hydroxyurea）。輸入正常的血液可以稀釋病人血液中的異常 HbS 血紅蛋白，而羥基脲則會提升病人血液中的 HbF 血紅蛋白，一樣有稀釋 HbS 血紅蛋白的效果，預防血管阻塞引起的併發症。

2.5 都是瘧疾的錯（下）—— 地中海貧血症

東南亞亦難逃一劫

瘧疾是非常可怕的疾病，它除了殺人無數外，更透過達爾文所提出的「物競天擇，適者生存」進化機制，為人類的基因帶來翻天覆地的改變。

在非洲，瘧疾帶來了令人聞風喪膽的鐮刀型細胞貧血症。在東南亞與地中海地區，瘧疾卻帶來了同樣惡名昭彰的地中海貧血症。

地中海貧血症的突變基因令紅血球更難被瘧原蟲感染，有這種基因的人有較大機會在瘧疾流行的地方存活，生兒育女，把基因傳到後代。久而久之，地中海貧血症就慢慢地在東南亞與地中海地區流行起來。

地中海貧血症在香港也相當常見，約5%的香港人是甲型地中海貧血症（alpha thalassaemia）的基因攜帶者，3%的香港人是乙型地中海貧血症（beta thalassaemia）的基因攜帶者。基因攜帶者只有非常輕微的貧血，基本上與常人無異，不過兩位基因攜帶者誕下的下一代卻有四分之一的機率患有中型或重型地中海貧血症，他們會有嚴重貧血，重型地中海貧血症患者甚至需要終生接受輸血治療。

海洋的血

地中海貧血症的發現始於 1925 年，美國醫生庫利（Thomas Cooley）報告了一系列的病例，來自意大利與希臘的移民孩童都有嚴重貧血、脾臟腫大及骨骼異常的症狀。由於這些病人都是來自地中海地區，所以這個疾病便被命名為地中海貧血症。地中海貧血症的英文 thalassaemia 來自希臘文，thalassa 意指海洋，emia 是血的意思，合併成 thalassaemia，即海洋的血，細心一想，這個名稱其實相當淒美。為了紀念庫利的發現，醫學界有時也會把重型乙型地中海貧血症稱為「庫利氏貧血」。

究竟為甚麼會出現地中海貧血症呢？正常成年人的血液中最重要的血紅蛋白是 HbA，包含了兩條 α 球蛋白鏈與兩條 β 球蛋白鏈。α 球蛋白鏈與 β 球蛋白鏈就似是一陰一陽，本是非常平衡，陰陽調和。可是，當這個美妙的平衡被打破，血紅蛋白就會出現問題。情況就如一個聯校舞會，一定要有男校生與女校生參加，否則男女平衡被打破，多出的一方找不到舞伴，於是只好男生與男生配在一起跳舞，或者女生與女生配在一起跳舞，非常尷尬。同樣地，當 α 球蛋白鏈基因突變，令 α 球蛋白鏈的合成速度減慢，β 球蛋白鏈只好自己配在一起，形成異常的 HbH，即有四條 β 球蛋白鏈（少於 6 個月大的嬰兒未製造 β 球蛋白鏈，它們的 γ 球蛋白鏈會配成 Hb Barts）。當 β 球蛋白鏈基因突變，令 β 球蛋白鏈的合成速度減慢，α 球蛋白鏈也只好自己配在一起，形成異常 α 四合體（α tetramer）。這些異常的血紅蛋白並不穩定，令紅血球易受破壞，造成溶血，導致身體紅血球減少。

脾臟接觸到大量異常的紅血球，便需要增加體積移除不正常的紅血球，引起脾臟腫大。為了彌補貧血，骨髓唯有加大工作量，製造更多紅血球，而代價則是骨髓擴張，令骨骼出現異常，病人除了較矮小外，更有獨特的外觀，包括顴骨凸出、鼻子塌陷、暴牙，我們稱之為「地中海貧血面容」（thalassaemic facies）。記得我之前看過一篇網上文章，內容大約是位外貌很醜的內地富二代卻有個漂亮女朋友，網上的留言大多都是不服氣及妒忌這位富二代，覺得他是靠錢才抱得美人歸。我對這位富二代的感情生活沒有多大的興趣，不過看到他的外觀，我卻立即「職業病病發」地覺得他有典型的「地中海貧血面容」，應該是患有中型至重型地中海貧血症。之後我再細心看看網上文章的內文，發覺果然如是。

　　言歸正傳，地中海貧血症是由 α 球蛋白基因或 β 球蛋白基因突變引起的遺傳性疾病，這兩種基因的突變分別會引起甲型及乙型地中海貧血症。α 球蛋白基因位於第 16 條染色體上，共有四條 α 基因，如果一或兩條基因出現突變，病人只是基因攜帶者，雖然蛋白鏈有突變，但因 3/4 或 1/2 的蛋白鏈仍是正常，所以完全沒有症狀。如果病人有三條 α 球蛋白基因出現突變，就會有 HbH 疾病（HbH disease）。這是一種中型地中海貧血症，患者會有低色素小紅血貧血（hypochromic microcytic anaemia），即紅血球顏色較淡，體積較小（圖 2.5.1）。血紅蛋白水平一般約 7 至 10g/dL，他們不需要長期接受輸血，但當有感染或其他原因令骨髓負荷增加，貧血的情況可能惡化而需要接受短暫輸血。如果全部四條基因都出現突變，那病人會出現非常嚴重的重型甲型地中海貧

血症，這是一個非常致命的疾病，嬰兒還未出生時已經會在子宮出現很嚴重的溶血及貧血；大約在懷孕20週以後，會出現胎盤肥大，嬰兒有肝脾腫大、腹水及全身皮膚水腫的現象，形成所謂的「胎兒水腫」（Hydrops fetalis）。這疾病無藥可醫，嬰兒會在未生出前或出生數日內死亡。除了嬰兒接近必死無疑外，連懷孕的媽媽一樣會受到牽連，出現嚴重的妊娠毒血症（pre-eclampsia）或者子癇（eclampsia），但成因暫時仍未完全清楚。

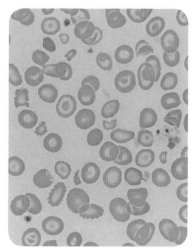

圖 2.5.1 HbH 疾病病人的周邊血液抹片

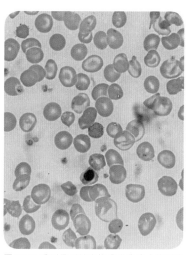

圖 2.5.2 重型乙型地中海貧血症病人的周邊血液抹片

　　β 球蛋白基因位於第 11 條染色體上，共有兩條基因。一般來說，單是擁有一條基因突變的人是基因攜帶者。不幸同時遺傳到兩條突變基因的人會有重型乙型地中海貧血症（圖 2.5.2），紅血球的體質小、顏色淡、形狀及大小不一，有靶形紅血球，需要終生接受輸血。不過由於 β 球蛋白基因在嬰兒約六個月大的時候才

製造血紅蛋白（六個月大前是由另一γ球蛋白基因負責製造），所以與重型甲型地中海貧血症不同，重型乙型地中海貧血症的患者可以順利出生，並在約六個月大的時候才出現症狀。

重型地中海貧血症是一個非常嚴重的疾病，嚴重影響患者的生活，所以現代的醫學界都投放了很多資源為懷孕的婦女作產前檢查，篩檢出基因攜帶者，盡早找出有可能誕下重型地中海貧血症的夫婦。篩查及診斷地中海貧血症基因攜帶者及患者的方法除了全血細胞計數、周邊血液抹片檢查及之前介紹過的 HPLC 高效液相色譜法外，還包括了一種特別的偵測 HbH 包涵體的方法，就是利用特殊的染料為 HbH 包涵體上色。因為甲型地中海貧血症基因攜帶者只有少量的異常 HbH，HPLC 不足以捕捉到它，但 HbH 包涵體卻可以被煌甲酚藍（brilliant cresyl blue）或新甲烯藍（new methylene blue）染料上色。在顯微鏡下，這些紅血球好像荔枝，又好像高爾夫球。但甲型地中海貧血症基因攜帶者只有少量的「荔枝」紅血球（圖 2.5.3），化驗師往往要花上十多分鐘去檢驗一張抹片，觀看數以千計的紅血球，才找到一顆「荔枝」紅血球，是非常吃力不討好的工作。

近年出現了一種新的技術篩檢甲型地中海貧血症基因攜帶者，叫免疫層析試紙分析法（immunochromatography）。它的驗測原理就像驗孕棒，把試紙放在血液中，如果病人有甲型地中海貧血症的基因，試紙上就會有兩條紅線，否則就只有一條紅線，非常方便。

由於香港醫院在產前篩檢的工作不遺餘力，新生兒出現重型地中海貧血症的機率已經大大降低。但有些由鄰近國家而來的孕婦，沒有做任何產前篩檢，卻在產前最後一刻被鄰國醫生「轉介」到香港就醫。結果嬰兒因重型甲型地中海貧血症而引起「胎兒水腫」，在出生數天內死亡，孕婦也因嚴重的妊娠毒血症而要在深切治療部治療多時。鄰國醫生這種做法是對孕婦、嬰兒及香港的醫護人員都很不負責任的。

	甲型地中海貧血	乙型地中海貧血
特徵	• 紅血球顏色較淡，體積較小	• 紅血球顏色較淡，體積較小 • 形狀及大小不一，有靶形紅血球
成因	• α 球蛋白基因突變	• β 球蛋白基因突變
病徵	• 1-2 條基因突變：沒有病徵 • 3 條基因突變：HbH 疾病（中型地中海貧血症） • 4 條基因突變：嚴重的溶血及貧血（重型甲型地中海貧血症）	• 1 條基因突變：沒有病徵 • 2 條基因突變：重型乙型地中海貧血症
診斷方法	• 全血細胞計數 • 周邊血液抹片檢查 • HPLC 高效液相色譜法 • 偵測 HbH 包涵體 • 免疫層析試紙分析法 • 分子遺傳學檢查	• 全血細胞計數 • 周邊血液抹片檢查 • HPLC 高效液相色譜法 • 分子遺傳學檢查
輔助治療方法	• 3 條基因突變：有需要時接受短暫輸血 • 4 條基因突變：無藥可醫，嬰兒會在未生出前或出生數日內死亡	• 重型乙型地中海貧血症：終生接受輸血

表 2.5.1 甲型及乙型地中海貧血症

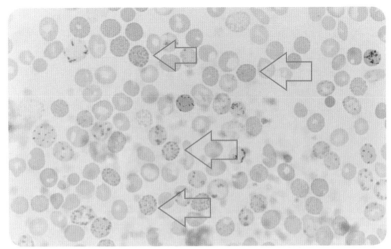

圖 2.5.3 HbH 疾病病人的周邊血液抹片

2.6 惡性貧血與吃肝療法

愛迪生的發現

1849 年，英國的著名醫生愛迪生（Thomas Addison, 1793–1860）發現了一種可怕的血液疾病，病人會出現嚴重貧血，臉色變得蒼白，並有疲勞、氣促、心跳加速等貧血的病徵。熟悉醫學或者內分泌學的朋友大概都對愛迪生的名字不感陌生，缺乏皮質醇（cortisol）所引起的愛迪生氏病（Addison's disease）就是由他最先描述的，但甚少人知道愛迪生除了描述了愛迪生氏病外，還描述過另一種血液疾病。愛迪生最初把這個疾病稱為「特發性貧血」（idiopathic anaemia）。「特發性」（idiopathic）一詞在醫學界中其實頗為曖昧，基本上就是「我不知道它成因」的意思。

之後，其他醫學學者又有了新的臨床發現。原來這個疾病除了影響血液外，更會伴隨著神經病徵，例如手腳麻痺、肌肉無力等。當年，得到此病的病人大多都是藥石無靈的，平均壽命只有一至三年，他們只能無助地及痛苦地被這種病奪去性命。由於這疾病太過兇惡，醫學界為它起了一個很傳神的名稱——「惡性貧血」（pernicious anaemia）。

吃肝療法

時間到了 1920 年，儘管惡性貧血早已廣為醫學界所認識，不過對於此病的成因與治療方法，大家依然所知甚少。然而醫學學者惠普爾（George Whipple, 1878–1976）的一個有趣研究，卻為治療這個難纏的疾病帶來一絲曙光。惠普爾的研究興趣是肝臟與消化系統的生理學機制，不過膽汁（bile）裡的色素是來自血紅蛋白的降解，所以要深入研究肝臟製造膽汁的學問的話，他就必須先了解血紅蛋白的製造。在機緣巧合之下，他就開始了一系列有關紅血球的實驗。

其中一個實驗是惠普爾為狗隻「放血」，直到牠們流血至貧血為止，然後再餵牠們進食不同類型的食物，看看哪些食物可以令狗隻的血紅蛋白量回升得最快。由於惠普爾對肝臟的興趣，他也把動物肝臟作為其中一種實驗用的食物，結果他發現肝臟竟然是實驗中提升血紅蛋白量最有效的食物。

惠普爾的發現啟發了另外兩名醫學學者，邁諾特（George Minot, 1885–1950）與莫菲（William Murphy, 1892–1987）。邁諾特對利用飲食方法治療貧血產生了興趣，他留意到不少患上惡性貧血的病人都缺乏均衡飲食，少吃或者完全不吃肉類，於是他建議患者多吃肉類及肝臟，有些病人的病情竟然得到好轉。之後莫菲也加入進行研究，他們二人設計了一道治療惡性貧血的「藥方」，就是每日進食 100 至 240 克動物肝臟、120 克肉類，再加上雞蛋與蔬果。病人服用這「藥方」後，在四至五日內血液中的網

狀紅血球（reticulocyte）有所提升，代表身體開始製造新的紅血球。網狀紅血球是未完全成熟的紅血球，有殘餘的核酸，正常血液中都會有，紅血球生長越快就會越多。之後病人的血紅蛋白與紅血球數量都回升。他們在兩年內用這新方法治療了 45 位病人，他們全部都有良好的反應。

這個發現可真偉大！這個纏繞了醫學界近 80 年的可怕血液疾病，治療方法竟然是如此簡單！不需要甚麼靈丹妙藥，只需要多吃動物肝臟就可以了。不過這個如此大分量的動物肝臟食療，其實是相當難以下嚥的。有見及此，口服型及注射型的肝臟濃縮劑就被發明了。

吃肝療法救人無數。最後，惠普爾、邁諾特及莫菲因發現進食肝臟可以治療惡性貧血而獲得了 1934 年的諾貝爾生理學或醫學獎，這是少數獲得諾貝爾獎肯定的純血液學發現。

肝臟中的神奇成分

然而，故事並未完結。究竟肝臟中有甚麼神奇成分幫助治好惡性貧血呢？

惠普爾實驗中的狗隻貧血改善的原因是肝臟中的鐵質，因為惠普爾的實驗狗隻根本沒有患上惡性貧血，牠們只不過因為被「放血」而得到缺鐵性貧血。因此惠普爾的研究只是機緣巧合之下與惡性貧血扯上了關係。

真正治療惡性貧血的物質在 22 年後的 1948 年才被兩位化學家福克斯（Karl Folkers, 1906-1997）及托得（Alexander Todd, 1907-1997）分離出來，它是一種粉紅色的結晶體。這種物質被命名為維生素 B12。

　　維生素 B12 可以說是諾貝爾獎的搖籃，除了惠普爾、邁諾特及莫菲外，還有三名研究維生素 B12 的科學家得到了諾貝爾獎，分別是利用 X 射線繞射術研究維生素 B12 化學結構的何杰金夫人（Dorothy Hodgkin, 1910-1994），研究維生素 B12 化學合成方法的伍德沃德（Robert Woodward, 1917-1979）及剛才提及分離出維生素 B12 的托得。其中伍德沃德與托得是因為維生素 B12 以外的其他研究而獲獎，不過他們對維生素 B12 的貢獻也非常之大，在介紹維生素 B12 的時候實在不能不提提他們的名字。

　　維生素 B12 是協助 DNA 合成的重要物質。天然的維生素 B12 由草食性動物腸胃內的細菌合成，人類大腸中的細菌其實也可以合成維生素 B12，只不過維生素 B12 必須靠小腸吸收，而大腸在小腸之後，所以大腸細菌合成出的維生素 B12 只能被排泄出來而不會被吸收，得物無所用。因此人類的維生素 B12 完全依賴飲食吸收。動物肝臟、肉類、蛋類、奶類都是含有豐富維生素 B12 的食物。維生素 B12 主要由小腸中的迴腸吸收，而它的吸收需要依賴一種由胃的壁細胞（parietal cell）分泌的醣蛋白——內在因子（intrinsic factor）。內在因子能與維生素 B12 結合，防止維生素 B12 被酶所分解破壞。如果病人缺乏內在因子，維生素 B12 就不能被有效吸收。

缺乏葉酸的病人都會有貧血問題，但他們不會有神經症狀。缺乏維生素B12或葉酸會令血細胞的DNA合成異常，引致貧血。今天，我們把維生素B12或葉酸缺乏所引起的貧血統稱為巨母紅血球性貧血（megaloblastic anaemia），而「惡性貧血」這個字眼只會用於因缺少內在因子，影響維生素B12吸收所導致的維生素B12缺乏症。

　　過去有很多病人都因為營養不良而有維生素B12缺乏症，但現代人營養充足，除了長期吃素的人外，很少會因為飲食關係而得到維生素B12缺乏症。不過腸胃的病變可以影響維生素B12的吸收，而導致巨母紅血球性貧血，其中最重要的例子莫過於自身免疫問題令免疫系統錯誤地攻擊自己體內的內在因子或者製造內在因子的胃壁細胞。

　　要在化驗室中診斷維生素B12缺乏症，最直接的方法當然是測量血液中的維生素B12濃度。不過其實在未進行維生素B12的檢查之前，醫生往往只需靠簡單的全血細胞分析及周邊血液抹片檢查已經可以作出診斷。

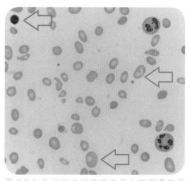

圖 2.6.1 巨母紅血球性貧血病人的周邊血液抹片（紅色箭嘴：巨卵形紅細胞；藍色箭嘴：淋巴球）

　　由於維生素B12是協助DNA合成的重要物質，所以缺乏它們會影響血細胞的成長，

除了貧血外，病人的白血球與血小板數量都會受影響。DNA 合成的問題令紅血球成熟過程受阻，使紅血球的細胞質比細胞核成熟，紅血球因而比正常的為大。全血細胞分析會見到病人的 MCV 上升。一般人的 MCV 是 80 至 100fL，而巨母紅血球性貧血的病人則可以高達 120fL。在病人的周邊血液抹片中也會出現很巨型的蛋形紅血球，被稱為巨卵形紅細胞（macroovalocyte）。圖 2.6.1 中的周邊血液抹片，正常的紅血球大小與一顆淋巴球接近，不過圖中紅色箭嘴的紅血球明顯比有圓形紫色細胞核的淋巴球（藍色箭嘴）為大，而且形狀像復活蛋，它們就是巨卵形紅細胞。值得一提，發現惡性貧血患者血液中出現巨型紅血球的人正是首先利用染料為血細胞上色，以及發現肥大細胞的現代血液學始祖埃爾利希。

除了紅血球外，病人血液中的嗜中性白血球都會有變化。正常的嗜中性白血球的細胞核分成數塊葉，一般是二至五塊，不過巨母紅血球性貧血的病人則會有較多塊葉，因為細胞在成熟過程中受阻。

「惡性貧血」及維生素 B12 缺乏症曾經是惡名昭彰的致命疾病。幸好醫學不斷進步，上世紀二十年代的「吃肝療法」為病人帶來了新希望。來到今天，「吃肝療法」也已經完成了它的歷史使命，病人只需直接接受維生素 B12 的注射就可以輕易康復。當年那惡名昭彰的「惡性貧血」已經不再「惡性」，並且是一個容易處理的「良性」疾病。

紅血球眾生相

把一張周邊血液抹片放在顯微鏡下，大家會見到一粒粒的紅色細胞，它們就是幫助人體運送氧氣的紅血球。

紅血球可是一個「變身大師」，它可以在抹片中以各式各樣的形態出現，就像是不同的「分身」，而不同的「分身」又會在不同的疾病中出現，好不有趣。

一般的紅血球是雙凹形的，因為這個形狀可以增加紅血球的表面面積，令氧氣可以以更快的速度透過紅血球的膜擴散，從而增加了它運送氧氣的速度。在顯微鏡下，正常的紅血球中間部分較淡色，因為這部分所包含的血紅蛋白較少。

球形紅細胞

第一種要介紹的紅血球「變身」叫做球形紅細胞（spherocyte）。顧名思義，球形紅細胞就是球狀的紅血球（圖2.7.1）。它會在兩種情況下出現，一為自身免疫性溶血性貧血（autoimmune haemolytic anaemia），二為遺傳性球形紅細胞增多症（hereditary spherocytosis）。

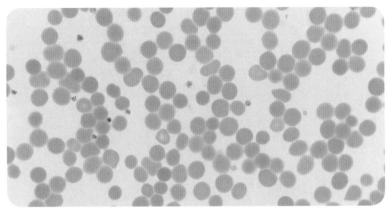
圖 2.7.1 球形紅細胞

　　之前提及過紅血球要維持正常的雙凹形形狀其實並不容易，因為膜要承受的張力很大，所以要一種稱為細胞骨骼的特別分子去維持它的形狀。遺傳性球形紅細胞增多症的患者有一個基因缺陷，令紅血球表面的細胞骨骼出現問題，紅血球的膜不能維持它的正常形狀，張力令紅血球變成球狀。

　　雖然這些紅血球的表面面積不及正常的紅血球，但氧氣和二氧化碳的運輸似乎並沒有受到太大的影響。然而它們非常脆弱，很容易受到滲透的影響，只要把它們放在鹽水中，水就會滲透進紅血球，令它們爆破。以往醫生就是用這個方法檢測遺傳性球形紅細胞增多症，這方法稱為紅細胞滲透性脆性試驗（osmotic fragility test），但這個測試並不準確，所以現在已被流式細胞儀等新式的化驗技術所取締。

　　自身免疫性溶血性貧血是由免疫系統失調引起的。不正常的抗體會黏在紅血球的膜上，當紅血球經過脾臟時，膜就會被巨噬細胞所破壞。由於紅血球膜少了，但又要維持原有的體積，所以只好變成球狀，成為球形紅細胞。

橢圓形紅細胞

　　同樣地，有另一些細胞骨骼，如血影蛋白（spectrin）的缺陷會令紅血球的膜變成橢圓形，這些紅血球叫做橢圓形紅細胞（elliptocyte）（圖 2.7.2）。而這個缺陷性疾病則叫做遺傳性橢圓形紅細胞增多症（hereditary elliptocytosis），這疾病大多病情溫和，病人只會出現輕微的溶血。不過如果基因缺陷嚴重，病人便會得到更嚴重的遺傳性熱變性異形紅細胞增多症（hereditary pyropoikilocytosis）。這時病人的紅血球不單是橢圓形，簡直是亂七八糟，奇形怪狀，包括了如眼淚形狀的淚滴紅細胞、裂碎了的裂紅細胞（見下文），甚至很多介乎幾種之間，令化驗師難以分

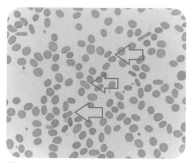

圖 2.7.2 橢圓形紅細胞

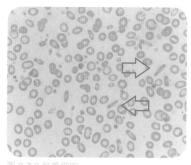

圖 2.7.3 鉛筆細胞

類。遺傳性熱變性異形紅細胞增多症的病人大多在小時候已經有嚴重貧血，需要輸血，而且有脾臟發大問題，容易生膽石。

除此之外，缺鐵性貧血病人的周邊血液抹片中常常會出現一種特別的橢圓形紅細胞，紅血球不但呈橢圓形，而且兩邊尖尖的，有點像鉛筆，所以又叫做鉛筆細胞（pencil cell）（圖 2.7.3）。

裂紅細胞

裂紅細胞（schizocyte）是紅血球的碎片，有些像三角形，也有些像頭盔（圖 2.7.4）。它會在微血管病性溶血性貧血（microangiopathic haemolytic anaemia）中出現。這現象起源於微血管中出現大量微小的血栓，令紅血球沒有足夠的位置穿過，當紅血球穿過這些被阻塞的微血管時，就會撕裂，形成裂紅細胞。

裂紅細胞是醫生很害怕的紅血球「分身」，因為它會在惡名昭彰的血小板減少性紫癜（thrombotic thrombocytopenic purpura，簡稱 TTP）中出現。引起微血管病性溶血性貧血的疾病有不少，其中最危急的莫過於 TTP，如果沒有適當的治療，病人會在短時間內死亡，且死亡率可高達九成。其他可引致裂紅細胞的情況包括溶血尿毒綜合症（haemolytic uraemic syndrome，簡稱 HUS）、瀰漫性血管內凝血（disseminated intravascular coagulation，簡稱 DIC）、嚴重燒傷、惡性高血壓、機械人工心瓣等。

靶形紅細胞

靶形紅細胞（target cell）在顯微鏡下就似是「圓圈加一點」，有點像個箭靶，所以就有這個名稱。除了像箭靶外，也有人覺得它像牛眼（圖 2.7.5）。

一般的紅血球中間的部分較少血紅蛋白，所以在顯微鏡下就會較淡色。但如果紅血球表面的膜比血紅蛋白的比例高，多出來的膜就會在中間摺起，於是在顯微鏡下就看似中間多了一點。這就好像你用花紙包禮物，如果花紙的大小剛好，那你就會包得很貼順很漂亮；但假如你選的花紙較禮物大，花紙就可能會凸起。

出現靶形紅細胞的機制有兩個，一是血紅蛋白太少，例如地中海貧血症（thalassaemia）或其他血紅蛋白疾病（haemoglobinopathy）；二是製造膜的脂質增多，例如肝病或膽管閉塞。

棘狀紅細胞

棘狀紅細胞（acanthocyte）像「海膽」，三尖八角。根據定義，它們的表面上有 2 至 20 個不規則的凸出（圖 2.7.6）。

正常的紅血球膜由兩層磷脂質（phospholipid）分子構成。棘狀紅細胞則是因為紅血球膜上的膽固醇與磷脂質比例上升所引

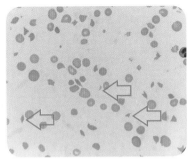

圖 2.7.4 裂紅細胞

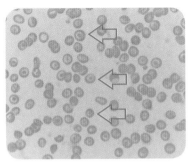

圖 2.7.5 靶形紅細胞

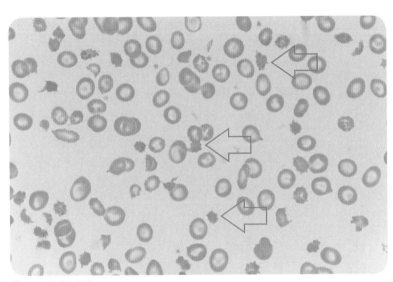

圖 2.7.6 棘狀紅細胞

起，令外層較內層擴大，多出來的膜就摺起。正如之前提及過的包禮物比喻，用太大張花紙來包禮物，花紙就可能會凸起，只不過棘狀紅細胞的「花紙」可要比靶形紅細胞皺得多。值得留意的是，棘狀紅細胞的形成機制與靶形紅細胞略為不同，靶形紅細胞

膜上的膽固醇與磷脂同時上升，所以比例上改變不大，而棘狀紅細胞膜上的膽固醇與磷脂質的指數比例則上升了。

棘狀紅血球會在膽固醇代謝異常的情況下出現，例如肝病或無 β 脂蛋白血症（abetalipoproteinaemia，一種影響脂肪吸收的疾病）。棘狀紅血球有時候也會伴隨著一些先天性的神經退化性疾病出現，例如麥克勞德綜合症（McLeod syndrome）。

鋸齒狀紅細胞

棘狀紅血球有一個孿生兄弟，都一樣像「海膽」，三尖八角，叫做鋸齒狀紅細胞（echinocyte）（圖 2.7.7）。事實上，鋸齒狀紅細胞的英文名字 echinocyte 就是取自希臘文中的海膽。根據定義，它們的表面上有 10 至 30 個短而規則的凸出，在細胞膜上均勻分佈。鋸齒狀紅細胞很容易與棘狀紅血球混淆，但棘狀紅細

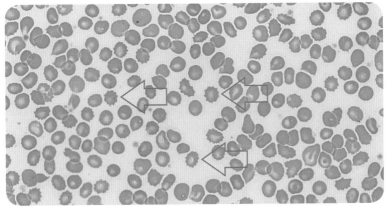

圖 2.7.7 鋸齒狀紅細胞

胞的凸出較不規則，而棘狀紅血的凸出短而規則。鋸齒狀紅細胞會在尿毒症（uraemia）或丙酮酸激酶缺乏症（pyruvate kinase deficiency）病人的血液中出現，不過更多時候是準備儲存血液樣本時出現的人工假象，它可能因為 pH 值提升、ATP 缺乏、鈣離子的沉積或與玻璃的接觸而自行產生，與病人身體狀況無關。因此化驗師在取得病人樣本後應盡早檢查，以免血液儲存太久會出現人工假象，干擾醫生的診斷。

咬痕細胞

咬痕細胞（bite cell）像是被少少地咬了一口的紅血球，有點像是被咬的蘋果（圖 2.7.8）。這種紅血球是氧化性貧血（oxidative haemolysis）的特徵。紅血球中的血紅蛋白受到氧化攻擊後會變性（denatured），生成所謂的「漢氏小體」（Heinz body），它們會被脾臟移除，令到紅血球看起來就像是被咬了一口。

氧化性貧血的其中一個例子是俗稱「蠶豆症」的葡萄糖-6-磷酸脫氫酶（glucose-6-phosphate dehydrogenase，簡稱 G6PD）缺乏症。患者因為 X 染色體上的隱性基因缺陷而先天性缺乏了 G6PD，一種用來保護紅血球免受氧化攻擊的酶。當患者接觸會造成氧化的物質，如蠶豆、樟腦、某些強氧化性的藥物（septrin、dapsone、fluoroquinolone、nitrofurantoin 等）或中草藥（金銀花、牛黃、珍珠末等），就會出現急性溶血，因此患者應避免接觸這些物質。

淚滴紅細胞

最後一種有趣的紅血球「分身」是淚滴紅細胞（teardrop cell）。顧名思義，它就像眼淚滴的紅血球（圖 2.7.9）。

淚滴紅細胞是骨髓纖維化（myelofibrosis）的特徵。原發性骨髓纖維化是一種骨髓增生性腫瘤（myeloproliferative neoplasm），骨髓中的造血細胞異常地增生。大量異常的巨核細胞（製造血小板的先驅細胞）會釋放細胞激素，令骨髓製造纖維組織，引起骨髓纖維化。造血細胞的家園──骨髓被外來入侵者──纖維組織所佔據，造血細胞只好另覓新家園──脾臟。這些造血細胞在脾臟寄居並繼續增生，令到脾臟腫大。在這場新家園爭奪戰中，紅血球是最無辜的受害者。可憐的紅血球要穿過一個滿佈造血細胞，非常擠迫的脾臟，它脆弱的身軀都被壓到扁了，最後變成淚滴狀。

紅血球的形態千變萬化，是不折不扣的「變身大師」，相信大家都看得眼花撩亂吧。不過這些不同的形狀可是醫生診斷血液疾病的重要工具，即使當今是在細胞生物學及分子生物學飛速發展的時代，顯微鏡仍然是醫生必不可少、不可或缺的好幫手。

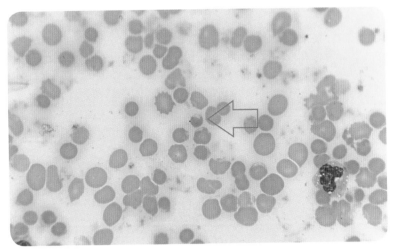

圖 2.7.8 咬痕細胞

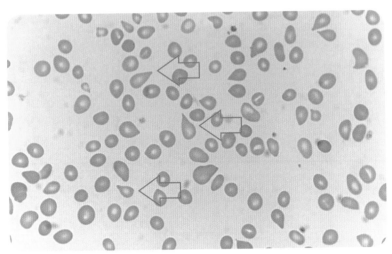

圖 2.7.9 淚滴紅細胞

紅血球是不是越多越好？

大家都知道貧血對身體有害。紅血球是身體中的氧氣運送者，貧血病人的血液中紅血球數量減少，身體組織所得到的氧氣也會下降，所以會出現疲倦、氣促、運動耐力下降等症狀。但紅血球又是不是越多越好呢？

不少人認為紅血球增加會令血液運送氧氣的能力上升，身體組織可以獲得更多氧氣，似乎無往而不利。運動員在訓練時往往會用不同方法令紅血球增加，以提升運動表現。

在我們探討紅血球增加對身體的影響之前，先了解一下血液中的紅血球會在甚麼情況下增多。

紅血球增多的成因

人體非常聰明，有巧妙的機制去控制紅血球的數量，其中一個相當重要的影響因素就是氧氣的供應。醫學界很早就已經了解到氧氣水平對身體的影響，例如早在十九世紀，法國生理學家伯特（Paul Bert, 1833–1886）已經發現缺氧對心血管系統的影響，又發現在高海拔低氧氣的環境生活會令人的紅血球數量增加。

到了二十世紀，科學家又發現了腎臟中的細胞可以偵測氧氣量，當氧氣供應減少時，腎臟中的細胞會合成一種名為紅血球生成素（erythropoietin）的賀爾蒙，刺激骨髓製造紅血球。這是一個補償機制，在缺氧的情況下，身體需要更多的紅血球運送更多氧氣到身體組織，作為彌補以改善身體組織缺氧的情況。

　　基於這個聰明的補償機制，所有令身體缺氧的情況都可以促使腎臟增加紅血球生成素的分泌，從而增加血液中紅血球的數量，例如慢性肺病、先天性發紺性心臟病（congenital cyanotic heart disease）、睡眠窒息症（obstructive sleep apnoea）、一氧化碳中毒，甚至是吸煙，或者在高海拔地區生活。

　　人工合成的紅血球生成素是有名的運動禁藥。運動員可以透過注射紅血球生成素，增強血液運氧能力，提升運動耐力。不過這做法有違體育精神，對其他運動員不公平，所以已被國際奧委會禁止。自 1992 年巴塞隆拿奧運會開始，這藥物已成為禁藥，不過由於檢測人工合成的紅血球生成素相當困難，所以運動員有好一段時間是「無王管」的。直至 2001 年才有首位使用紅血球生成素的運動員被檢查出來。著名的美國單車手岩士唐（Lance Armstrong）就是因為被發現使用紅血球生成素而被褫奪七屆環法單車賽冠軍的成績。

　　然而，運動員還是有方法可以自然且合法地增加體內的紅血球生成素，就是前往高海拔地區受訓。稀薄的空氣會減少運動員身體組織的氧氣供應，令腎臟增加紅血球生成素分泌，提升紅血

球數量。當運動員重回低海拔地方參加比賽，就如有神助了。這是天然而又合法地增加紅血球數量，改善運動成績的方法。

值得留意的是，偵測身體缺氧情況的「探測器」位於腎臟，所以即使身體沒有出現缺氧情況，假如腎臟的血液供應因腎動脈狹窄（renal artery stenosis）或多囊性腎病（polycystic kidney disease）等疾病而減少，一樣會觸發到增加製造紅血球的機制。

除此之外，腎腫瘤、肝腫瘤及某些罕見腫瘤，可以不受控地自發分泌紅血球生成素，這也是個紅血球增加的病理機制。

另外，某些罕見的先天性基因突變都可以令紅血球增多，例如 VHL 基因突變就是其中一個先天性紅血球增多的成因。VHL 基因是近期非常熱門的基因研究，因為它剛剛孕育了一個諾貝爾獎。凱林（William G. Kaelin Jr, 1957–）研究與罕見遺傳病希佩爾–林道綜合症（Von Hippel-Lindau disease）相關的 VHL 基因，發現了它與細胞缺氧反應的關係，因而獲得了 2019 年的諾貝爾生理學或醫學獎。原來，VHL 基因突變可以促使細胞產生類似缺氧反應的化學變化，令紅血球增多。

以上介紹的各種疾病大多是與缺氧或紅血球生成素有關，令身體多製造紅血球。但真性紅血球增多症（polycythaemia vera）卻是鶴立雞群，別樹一格。造血細胞因為 JAK2 基因的突變，完全不受紅血球生成素控制，可以隨意自己增生。它們就像一群受盡壓迫的群眾，要推翻霸權，爭取自治。

真性紅血球增多症是一種骨髓增生性腫瘤（myeloproliferative neoplasm）。病人往往沒有特別病徵，與正常人無異。病人偶爾會出現一個「有趣」的病徵，就是洗完熱水澡後皮膚痕癢。有些病人的臉色異常紅潤，像關公一樣。不過被人誤當關公是小意思，真性紅血球增多症卻是可以危害性命的。

紅血球增多的危險

試想像一下，血管就像水管，用來運輸普通水的時候很暢通，但如果水中有各式各樣的垃圾雜物，水管就會容易阻塞。同樣道理，血液中的紅血球太多會令血液變得黏稠，使血流變慢，增加血管栓塞，如中風、心臟血管閉塞、腳深層靜脈栓塞等的風險。其他真性紅血球增多症患者可能出現的症狀包括頭暈、頭痛、眼花、指尖疼痛等。另外，假以時日，真性紅血球增多症也有可能演化成較嚴重的骨髓纖維化或急性白血病。

為了防止血管栓塞，真性紅血球增多症的病人需要服用亞士匹靈，並進行放血治療，把血液的血容積下降至更安全的水平。

基於同樣的原因，過去十多年，有近 20 位職業運動員在睡眠中猝死，被懷疑與使用紅血球生成素有關。因為紅血球生成素令紅血球增多，血液變得黏稠，增加運動員中風與心臟病發的風險。

總之，凡事不可盡，行不可至極處。紅血球也一樣，並不是越多越好。

2.9 「放血療法」的前世今生

　　惡名昭彰的「放血療法」已經有三千多年的歷史，它由古埃及人最先使用，之後慢慢引入至古希臘、古羅馬及阿拉伯的世界，最後更風行至整個歐洲。放血療法曾經被認為是醫學界的金科玉律，但以現今角度來看，放血療法殺的人定必比救到的人多。直至現在，只有很少數的血液疾病仍然需要用到這種療法醫治。

興起

　　早在二千多年前，古埃及醫書已經記載過劃割皮膚放血的方法。到了公元前五世紀，古希臘「醫學之父」希波克拉底（Hippocrates）提出了體液學說（Humorism），令放血療法再進一步發展。希波克拉底來頭不小，到了今天，醫生宣誓時都仍然要讀出由他定立的希波克拉底誓詞（Hippocratic Oath）。希波克拉底是一名有醫德的好醫生，但他的醫學理論則非常原始，不能與現代醫學同日而語。他提出身體的狀態取決於血、痰、黑膽汁和黃膽汁四種體液的平衡，它們分別與氣、水、土和火四種希臘古典元素相對應。希波克拉底認為女性之所以有月經，是因為要透過出血淨化身體，所以醫生也可以用人工方法實施放血，淨化身體及令體液再次回復平穩。

另一名大大促進了放血療法的人是蓋倫（Galen of Pergamon）。他是另一名古希臘的醫學界巨匠。他喜歡對動物進行解剖研究，並對解剖學作出了不少重要的貢獻，例如他發現了動脈是用來運送血液，而不是當時古希臘人所相信的「氣」。他也發現動脈與靜脈的血的顏色並不相同，動脈的血是鮮紅色的，靜脈的血是深紅色的。但他卻再次「好心做壞事」，用不正確的醫學理論解釋了這個解剖學發現，他認為血液在四種體液中佔了主導地位，是最需要控制的體液。他因而發明了一套複雜的理論，根據病人的年齡、體質，及季節、天氣和地點，決定應該為病人放多少血。蓋倫是當年的醫學界權威，他的理論是無庸置疑的，於是放血療法就在醫學界更加風行了。

大流行

直至十九世紀為止，放血療法在歐洲依然是幾乎所有疾病的標準療法。當年放血的方法包括直接用刀割開動脈或靜脈，又或者重複地割破皮膚。即使那個時候生理學及解剖學已有一定的發展，體液學說已遭到摒棄，但醫生仍然不肯放棄這個稱霸多年的可怕療法。

英國國王查理二世（Charles II, 1630–1685）中風之後被放了 24 安士，即相當於約 700 毫升的血液，之後不久便過身了。

　　著名音樂家莫札特（Wolfgang Amadeus Mozart, 1756-1791）患上重病（學者到現時仍沒有共識他所患何病）後，被放血至休克（shock）之後死亡，這位音樂天才逝世時只有 35 歲。

　　美國首任總統華盛頓（George Washington, 1732-1799）患上咽喉炎（pharyngitis），被醫生在 12 小時內放了多於 2 升的血液，約是一個正常成年人總血液容量的三分之一，之後這位偉大的總統在四日後離世。

　　另一位大名鼎鼎的法國軍事家拿破崙（Napoleon Bonaparte, 1769-1821）經歷過放血治療之後成功存活，不過之後也被嚇怕，慨嘆道「醫學真是謀殺的科學」。

　　放血療法熱潮的退卻全賴法國醫生路易士（Pierre-Charles-Alexandre Louis, 1787-1872），他翻查數據，用統計學的方法證明放血療法對肺炎並沒有效。這除了是對放血療法的一大打擊外，更是現代醫學的重要轉捩點。因為這是醫學史上其中一次最早把統計學用於驗證醫學的嘗試。路易士更提出最早的臨床試驗原則，例如比較兩組相同疾病，但使用不同治療方法的病人，且兩組病人的其他因素，例如年紀、種族、飲食等盡量相似。雖然他還未提出隨機的概念，不過他運用數據的方法已經與現代醫學相當接近。

　　有不少人覺得現代醫學不是萬能的，它在很多情況下都是束手無策的，為甚麼我們仍相信它？那是因為現代醫學講求證據，

它是建基於數據。現代醫學雖然不是萬能，但我們有充足的證據顯示，它是對病人有幫助的，且理應是我們所知的各種療法中最好的。到了今天，仍有不少替代醫學（alternative medicine）支持者選擇相信直覺而不相信數據。這是醫學上的一大倒退，就如重新退回當年醫生不斷為病人放血的年代，實在令人唏噓。

除了統計學外，另一個令放血療法淡出醫學舞台的原因是病理學的興起。十九世紀末，巴斯德（Louis Pasteur, 1822-1895）、科赫（Robert Koch）及菲爾紹（Rudolf Virchow, 1821-1902）等大師把科學方法帶進醫學，令醫學界開始從科學的角度理解疾病。大家開始明白細菌感染及發炎等的病理機制，從而理解到放血療法對各種疾病的無力。

氣數未盡

但放血療法也未完全在現代醫學中絕跡的，有幾種血液疾病仍然需要依賴這種古老的療法，如真性紅血球增多症及遺傳性血鐵沉著症等。

真性紅血球增多症是因骨髓的造血細胞突變而令到紅血球增生，太多的紅血球令血液變濃，血管容易有栓塞。患者必須定期進行放血，把血容積降低至一定的水平。

遺傳性血鐵沉著症則是因為遺傳性的基因變異令身體吸引的鐵質增加，太多鐵質積聚在肝臟、心臟、胰臟等的器官中，引起肝硬化、心臟衰竭、糖尿病等問題。患者必須定期進行放血治療，以排走身體的鐵質，避免這些嚴重的併發症。

2.10　冰冷入血

　　每到冬天，總有幾日冷風颼颼，寒風刺骨，急症室人頭湧湧。大家都知道寒冷天氣可以誘發不少呼吸疾病，如哮喘及慢性阻塞性肺病，甚至可以誘發冠心病。但大家又知不知道有血液疾病原來也與寒冷天氣息息相關？

陣發性冷性血紅蛋白尿

　　早在 1872 年，已經有人記載過一個很奇怪的疾病，患者只要接觸到寒冷的環境，例如四肢被浸在冰冷的水中，他的尿液便會變成血紅色。

　　1879 年，「染料狂迷」埃爾利希（Paul Ehrlich）發現用線綁實病人的手指，再放在冰水裡，病人手指血液裡的血清會由透明變成紅色。當時埃爾利希以為這是因為冰冷氣溫令血管釋出毒素，攻擊紅血球。

　　兩位血清學的先驅多納特（Julius Donath, 1870-1950）與蘭德施泰納（Karl Landsteiner, 1868-1943）於 1904 年以一個很有趣的測試檢驗出這個奇怪疾病的成因。其中蘭德施泰納就是大名鼎鼎的「血型之父」，他發現了 ABO 的血型系統，又對恆河

猴因子（Rhesus factor）進行研究，發現了 MN、P 及蘭德施泰納–維納（Landsteiner-Wiener，簡稱 LW）的血型系統。

　　多納特與蘭德施泰納發現把患者的血清與正常人的 O 型紅血球及血清混合，然後放在體溫攝氏 37 度的溫度中培養並不會有任何反應，放在攝氏 0 至 4 度的冰冷溫度中培養也沒有反應。但奇怪的是，如果把血液混合物先放在攝氏 0 至 4 度，再放在攝氏 37 度的體溫中，就會出現溶血現象。當年的免疫學發展還未完善，但多納特與蘭德施泰納已經從這個化驗結果中推斷出患者血清中有一種物質，經歷了「先冷後暖」的變化後，令紅血球破裂。

　　經過數十年的免疫學發展，我們現在知道引起這怪病的是一種雙相（biphasic）抗體，它會在低溫中附在紅血球上，然後在氣溫暖和時激發補體（complement）系統——另外一種血清中的免疫蛋白去攻擊紅血球。抗體大多是一種攻擊血紅球 P 抗原（P antigen）的 IgG 抗體。當患者的紅血球流到溫度較低的四肢時，就會被雙相抗體附上，然後當它再流到溫度較暖的身體中央，就會被補體攻擊而破裂，釋出的血紅蛋白在尿液中排出，令尿液變紅。這個病在今天言簡意賅地稱為陣發性冷性血紅蛋白尿（paroxysmal cold haemoglobinuria，簡稱 PCH）。

　　在過往，很多 PCH 都與梅毒（syphilis）相關，但由於抗生素的使用，梅毒個案現在已經減少了很多。今天，大部分的 PCH 患者都出現在受病毒感染後的小孩，因為梅毒會誘發免疫系統製造雙相抗體。現時化驗師在化驗室中仍然是靠多納特與蘭德施泰

納當年發明的方法去診斷 PCH 的。PCH 是一個自限的疾病,病人大多只需接受輔助治療,做好補暖,就會在約一星期時間內自然康復。

冷凝集素病

另一種由冷型自身抗體(cold autoantibody)引起的溶血疾病則麻煩得多了,它叫做冷凝集素病(cold agglutinin disease)。顧名思義,病人的紅血球在遇冷的時候就會如圖 2.10.1 般凝集。冷型自身抗體是一種呈五角星型的 IgM 抗體,每顆抗體可以黏附五顆紅血球上,於是就可以像膠水一樣把紅血球連接起來。

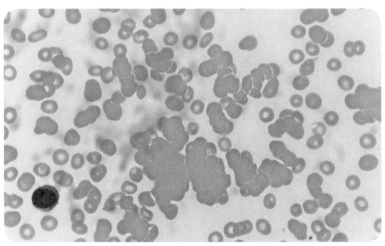

圖 2.10.1 冷凝集素病病人的周邊血液抹片

　　冷凝集素病與 PCH 一樣，都是一種冷型自身免疫溶血性貧血（cold autoimmune haemolytic anaemia）。但 PCH 由 IgG 抗體引起，冷凝集素病則由 IgM 抗體引起，它主要攻擊紅血球上的 I 或者 i 抗原。有別於 PCH，冷凝集素病病人的紅血球並不是被補體攻擊，而是在病人的肝臟中被網狀內皮系統中的巨噬細胞吞噬。每當遇上寒冷天氣時，病人的紅血球會容易受到攻擊，令貧血問題突然惡化。感染、自身免疫疾病、淋巴增殖性疾病都可以增加病人患上冷凝集素病的機率，但也有病人沒有相關的疾病，我們稱之為原發性冷凝集素病。

　　冷凝集素病可不像 PCH 般容易治癒，它很多時候都是一個慢性疾病，而且傳統的類固醇藥物與脾臟切除手術（splenectomy）效果都不好。幸好近來出現了一些新的單株抗體（monoclonal antibody）藥物，而其中利妥昔單抗（rituximab）可以抑制病人的免疫系統中的 B 淋巴細胞，它對冷凝集素病的效果似乎不錯。但當然，除了藥物治療之外，病人還是必須要記得做好保暖！

冷凝球蛋白血症

　　最後介紹的一種與寒冷相關的血液疾病雖然不會攻擊紅血球，但它對身體造成的破壞卻比之前介紹的疾病有過之而無不及，患者可以有手腳潰瘍、關節痛、周邊神經病變（peripheral neuropathy）、腎功能衰退等病徵。患者可能會有惡名昭彰的雷諾氏現象（Raynaud's phenomenon），即手指腳趾遇冷時供血受

阻，會先變白，再變紫，最後變紅，嚴重的話可能會壞死。這個疾病就是冷凝球蛋白血症（cryoglobinaemia）。

冷凝球蛋白血症最先於1933年在一位多發性骨髓瘤（multiple myeloma）的病人中發現。當時的醫學界早已知道多發性骨髓瘤病人會製造大量蛋白，但這位病人很特別，他的血液放在低溫一段時間之後，血液中的蛋白竟然會凝結起來！之後醫學界就把這些蛋白稱為冷凝球蛋白（cryoglobulin）。

圖 2.10.2 是一張顯微鏡下的周邊血液抹片，背景中灰灰藍藍的一團團雲霧似的物質，就是冷凝球蛋白了。當我們把血液加熱，冷凝球蛋白就會重新分解，在抹片中再也看不見。

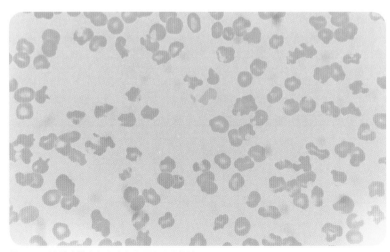

圖 2.10.2 冷凝球蛋白血症病人的周邊血液抹片

這些冷凝球蛋白本身不會直接攻擊身體，但它可以阻塞血管，影響組織供血，而更重要的是，它會造成免疫複合體（immune complex），甚至激活補體系統，引起血管炎（vasculitis），結果造成之前提及過的症狀。

冷凝球蛋白分三類，第一型大多由淋巴癌或多發性骨髓瘤等血液科癌症引起，而第二及三型則大多由慢性發炎情況引起，如丙型肝炎（hepatitis C）及自身免疫結締組織疾病（connective tissue disease）。

由於這個疾病很罕見，所以醫學界對它的治療研究也不多。一般的處理方法都是以非類固醇類消炎藥（non steroidal anti-inflammatory drug）紓緩症狀，嚴重時就會視乎情況，使用類固醇、利妥昔單抗，或其他免疫力抑制藥物醫治。如果疾病情況輕微，病人最重要的還是在天冷時做好保暖。

原來冰冷不單會「入骨」，更會「入血」。在冰冷的寒冬中，就算大家身體一向健康，都要記得穿著足夠的禦寒衣物，小心身體啊！

世上最昂貴的藥物

一位臨床醫生曾跟我分享過一個個案:一位有慢性溶血的孕婦,突然出現了腹痛、肝臟腫大及肝功能衰竭,進一步的檢查發現她的肝靜脈栓塞,醫學上稱之為巴德-吉希亞利綜合症(Budd–Chiari syndrome)。醫生立即為病人剖腹生產,最後嬰兒安然無恙。但病人在處方抗凝血藥華法林(Warfarin)後仍然沒有好轉,栓塞大小不減反增,到最後竟然慢慢擴展至下大靜脈(inferior vena cava)!病人生命危在旦夕,怎麼辦好?

醫生要治療病人,首先當然要作出適當的診斷。單從臨床症狀來看,病人的病徵與一個罕見的血液疾病——陣發性夜間血紅素尿症(paroxysmal nocturnal hemoglobinuria,簡稱PNH)非常吻合。

甚麼是陣發性夜間血紅素尿症?

PNH是由於後天基因出現突變,令造血細胞不能正常地生產一種名為糖基化磷脂醯肌醇(glycosyl-phosphatidylinositol,簡稱GPI)的蛋白質。缺少了這種蛋白質,兩種保護紅血球的蛋白質CD55及CD59就不能依附在紅血球的細胞膜上。CD55及CD59是細胞的守護者,缺少了它們,紅血球就很容易遭受補體攻

擊而破裂，引發慢性溶血。補體系統是人體正常免疫系統的一部分，系統的最終產物就像一個打洞機，會在細胞的表面上打洞，破壞細胞膜。正常來說它只會在病原體的表面上打洞，但如果它不受控制，就會錯誤傷害身體中正常的組織。受破壞的紅血球釋出血紅素，並在尿液排出，令到小便變成紅色。破裂的紅血球也會釋出血鐵質，血鐵質積聚在腎小管（renal tubule）中，引致腎衰竭。另外，補體也會激活血小板，增加病人血栓形成的風險。最後，慢性溶血會令血紅蛋白釋放到血管內，這些血紅蛋白會耗掉血管內的天然擴張物質——一氧化氮。缺乏了一氧化氮，血管就不能正常地擴張，並引起肚痛、吞嚥困難、勃起功能障礙等症狀。

診斷 PNH 除了需要依靠臨床病歷外，也需要利用複雜的化驗方法。過往，化驗室會利用一種名叫咸氏測試（Ham's test）的方法。由於這個測試的英文名稱非常有趣，行內人都愛稱它為「火腿測試」。但「火腿測試」又麻煩又不準確，現代化驗室都已用新式的流式細胞分析方法取代。

以往，PNH 的唯一根治方法是骨髓移植。如果不能進行骨髓移植，就只能「頭痛醫頭、腳痛醫腳」地幫助病人，病人溶血嚴重就幫他們輸血或者給一些類固醇減慢溶血，病人有血管栓塞就給一些抗凝血藥。然而這些方法的效用不大，有不少病人在抗凝血藥的幫助下栓塞仍然會擴展，甚至出現新栓塞，就正如我們最初提及的病人。幸好，近年有一種新藥出現，為 PNH 的治療帶來革命性的改變。它就是這篇文章的主角——依庫珠單抗（eculizumab）。

新藥風雲

依庫珠單抗是一種單株抗體，可以抑制 C5 補體，從而抑制膜攻擊複合體（membrane attack complex），也就是「細胞打洞機」的形成，來防止溶血及其他 PNH 的併發症。究竟依庫珠單抗有多神奇？

研究顯示，依庫珠單抗可以：

1. 減少輸血需求：超過一半本來需要定期輸血的 PNH 病人可以不再需要輸血；

2. 減少血管栓塞：數據顯示，沒有用依庫珠單抗的 PNH 病人，每年每 100 名病人便有 7.37 名有血管栓塞，用了依庫珠單抗後，每年每 100 名病人只有 1.07 名有血管栓塞，栓塞顯著減少；

3. 減慢腎功能衰退，甚至令腎功能回升；

4. 減少肚痛、吞嚥困難、勃起功能障礙等症狀，改善生活質素。

依庫珠單抗的一個嚴重副作用是由於藥物抑制了補體系統，令免疫系統變弱，病人特別容易感染腦膜炎。因此，使用依庫珠單抗的病人必須接受腦膜炎的疫苗注射，而減低感染機率。

　　回到我們最初的病人。臨床醫生覺得情況危急，最後果斷用藥，靠依庫珠單抗救回了病人一命。

　　要知道，PNH 是一個非常難纏的罕見病。它所引起的血栓當然相當致命，但有很多時候，PNH 都是以慢性病的形式影響病人。病人有慢性溶血需要定期接受輸血，又有肚痛、吞嚥困難、勃起功能障礙等相當惱人的症狀，非常令人困擾。依庫珠單抗的出現無疑為病人帶來了一線新希望。不過這種看似非常有效的神藥，卻有一個很嚴重的問題就是非常的**昂貴**。

　　一般來說，史丹福都不是一個愛這樣「呃稿費」的人，不過由於此藥貴得實在誇張，令我禁不住連用一百個「非常」去形容，但願編輯不會見怪。

　　事實上，依庫珠單抗在推出市面時是世上最昂貴的藥物，曾經破了健力士世界紀錄。2010 年，它在美國的售價是每年 409,500 美元。2019 年，它的售價已經提升至每年 678,392 美元，超過 500 萬港元。眾所周知，香港的樓價貴絕全球，即使如

此，這藥一年的價錢已差不多足夠買一個小型「上車盤」了。不要忘記，這只是一年的價錢，PNH是一個長期病，病人往往需要長期甚至終生服藥的，不少人用盡畢生積蓄都負擔不起。

製造依庫珠單抗的藥廠曾稱這藥物的定價主要由幾個因素決定，包括為了研發此藥投入的 8 億美元投資及長達 15 年的研發時間。至於這是否合理就見人見智吧。

撇除了價錢的因素，依庫珠單抗的確是一種突破性的藥物，並大大改善了 PNH 病人的生活質素。除了 PNH 外，依庫珠單抗也可以用來治療另一種血液疾病——非典型性尿毒溶血綜合症（atypical haemolytic uraemic syndrome）。這個疾病源於補體系統的調節失衡，令補體不受約束地攻擊紅血球及腎臟的細胞，並激活血小板。症狀包括微血管溶血性貧血、血小板減低及急性腎衰竭。

不過所謂「長江後浪推前浪」，天價的新藥如雨後春筍般湧現。到了 2019 年，依庫珠單抗在世上最昂貴藥物的名單中竟然下跌至第五位。借用容祖兒的一句歌詞，真是「曾經也上過冠軍現在份外深深不忿」。最新的冠軍是治療脊髓性肌肉萎縮症（spinal muscular atrophy，簡稱 SMA）的基因療法藥物 onasemnogene abeparvovec，每年藥費是 212.5 萬美元。

2.12 令喬治三世發瘋的罪魁禍首

喬治三世（George III, 1760-1820）是英國史上一位很重要的國王。他在位 60 年間，見證了不少英國史上的大事，包括七年戰爭、美國獨立戰爭及拿破崙戰爭這三場重要戰爭。在七年戰爭中，英國大勝，分別從法國及西班牙手上取得了法屬加拿大和佛羅里達兩大殖民地，但之後卻在美國獨立戰爭痛失北美十三洲，喬治三世卻很有風度地接受美國這個新國家，甚至歡迎美國派駐大使來到倫敦。在拿破崙戰爭中，英國成功對抗拿破崙的步步進逼，擊敗這位曾經橫掃全歐洲的軍事奇人。

他在任期間，英國的勢力範圍及殖民地的擴張幅度最大，確立了英國「日不落帝國」的根基。對內，英國進入了工業革命，無論科技還是經濟上都領先全球。

縱然政績非常不錯，歷史學家對他的評價卻不甚正面。主要是因為他到了晚年得到了一個怪病，會間歇性的精神失常，每到發作的時候，他就會滿嘴污言穢語，全裸地在王宮奔跑，甚至對著石頭自言自語。他全身疼痛，近乎失明，好不可憐。最後，國會在無可奈何的情況下只好通過法案把國王權力交給他的兒子。

究竟一位英明的國王為何會落得這下場？

當年的醫學知識落後，醫生當然做不到正確的診斷，國王發瘋的原因眾說紛紜。1966 年，一篇刊登在《英國血液學期刊》（British Journal of Haematology）的文章提出了一個很有趣的猜想，喬治三世發瘋的原因很可能因為一個罕有的遺傳性疾病──紫質症（porphyria）。

紫質症是一種血基質合成缺陷引起的疾病。血基質可用於製造血紅蛋白、肌紅蛋白（myoglobin）、細胞色素（cytochrome）等分子，其中約九成都是用於合成紅血球所需的血紅蛋白。合成血基質的生化反應牽涉很多酶，假如某一種的酶基因突變而減少，那血基質的先驅物紫質（porphyrin）就會增加，就正如一間工廠的生產線出現問題，原材料不能用於製造產品，就會積聚在工廠內。紫質有毒，過量的話有可能觸發到各式各樣的病徵。

紫質症分很多種，因為合成血基質牽涉很多酶，不同酶的缺乏可引起不同的身體問題，但它主要可以分為急性及皮膚性（cutaneous）兩大類。

急性紫質症的患者以神經症狀為主，而皮膚性紫質症的患者則會出現皮膚對陽光敏感的症狀。有幾種較罕見的紫質症也會引起溶血性貧血。

紫質的代謝物對光很敏感，皮膚性紫質症患者的皮膚積累了這些代謝物。若接觸到陽光，皮膚會起水泡及潰爛，所以有這種症狀的患者需要避免接觸陽光與紫外線，盡量留在室內，即使外

出時也需要用黑布罩住暴露在外的皮膚部分。

　　而急性紫質症則會不定期地病發，在沒有病發時患者與常人無異，但病發時則會出現腹部劇痛、便秘、嘔吐、心跳加速和低血鈉，嚴重的話更會出現周邊神經病變、痙攣、精神病徵，如神經錯亂、幻覺及思覺失調症狀。碳水化合物吸收不足及喝酒都可以誘發急性紫質症的病發。另外，不少藥物都會誘發患者發病，如避孕藥、巴比妥類藥物（barbiturate）、治療糖尿病的硫醯基尿素類藥物（sulfhonylurea）、某些抗生素等。

　　診斷急性紫質症需要依靠尿液的生化分析。急性紫質症病發時，病人的尿液膽色素原（porphobilinogen，簡稱 PBG）會增多，醫生可以藉著檢驗病人尿液中的膽色素原含量來幫助診斷。值得一提的是，病人急性病發時，有時尿液顏色會出現異常，在經強光照射後特別顯著，這是因為膽色素原在強光下被氧化成尿紫質（uroporphyrin）及紫膽色素（porphobilin）這兩種深紅色的化學物質。

　　言歸正傳，喬治三世生前曾經五次出現神經症狀。在 1788 至 1789 的那次病發中，喬治三世先出現腹痛，被醫生診斷為膽絞痛（biliary colic），之後又出現疼痛及肌肉無力，被醫生診斷為「痛風」及「風濕」。此後病情惡化，出現更嚴重的腹痛及便秘、脈搏急速、流汗，最後出現神志不清、亢奮、失眠等精神症狀，幸好之後慢慢康復。

從病歷來看，喬治三世除了出現精神症狀之外，似乎還有很多其他症狀，且都與急性紫質症很吻合。

　　當然，我們已不可能為喬治三世做尿液分析，但自從《英國血液學期刊》的文章刊出後，喬治三世得急性紫質症的説法已經深入民心。雖然這説法近年受到質疑，有人認為喬治三世所得的不過是躁鬱症（bipolar disorder）。近年，科學家在喬治三世的頭髮中驗出俗稱砒霜的砷化物，所以也有喬治三世是砷化物中毒的説法，但值得留意的是砷化物是當年非常常用的藥物，且是其中一種可以誘發急性紫質症病發的物質。

　　假如喬治三世真的是患上了急性紫質症的話，那它對歷史的影響可真大了，網上甚至有人曾經説過，如果不是紫質症的話，美國可能根本不能獨立。美國人到今天仍然會喝著英式紅茶，唱著《天佑女王》。

血液小趣聞　《醫神》中的怪病

不知道各位有沒有看過《醫神》(*House, M.D.*)，這套非常好看的舊美劇？這套劇集講一名性格奇怪的神醫豪斯醫生經常遇到各式各樣的奇怪罕有疾病，史丹福當年選擇讀醫或多或少都受到這套劇集的影響。其中一集（第一季的結局）令我印象深刻，這集講到豪斯醫生前妻的現任丈夫患上怪病，最後的診斷就是急性間歇性紫質症 (acute intermittent porphyria)。

又有一集是一位小女孩出現肚痛並有肝衰竭，皮膚起水泡及潰爛。豪斯醫生團隊本來診斷出壞死性筋膜炎 (necrotizing fasciitis)，要為病人折肢。但在做手術前，他們想到病人每次入手術室後病情都會惡化，可能是因為手術室用很強的射燈，病因也許是對光敏感的代謝物，最終正確地診斷出紅血球生成性紫質症 (erythropoietic porphyria)，令病人免於受折肢之苦。

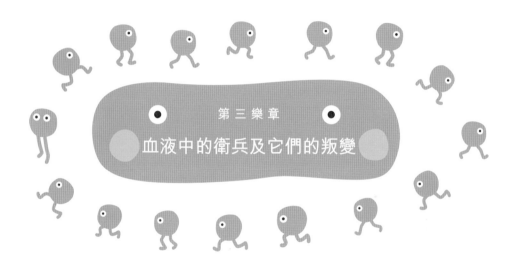

第三樂章

血液中的衛兵及它們的叛變

血液衛兵的叛變

白血球是免疫系統中不可或缺的一部分，它們是保家衛國的士兵，是伸張正義的執法者。但與真實世界一樣，士兵也可以叛變，執法者也可以隨意攻擊普通市民與大規模濫捕，白血球當然也可以倒戈相向，破壞身體。大部分的血液腫瘤都是由於白血球或其先驅細胞發生癌變而引起。這些驍勇善戰的細胞一旦叛變起來，其威力絕對是不容小覷的。

甚麼是腫瘤？

在介紹血液腫瘤之前，我們先概括地了解何為腫瘤（neoplasm）。

打開任何一本病理學的教科書，都可以找到下列的定義——「腫瘤是一個不正常的組織團塊，其生長是自主的且超越正常組織，引發腫瘤的刺激移除後，腫瘤的生長仍以同樣的方式持續。」簡單來說，腫瘤就是一些不受控地生長的組織。

腫瘤又可以分為良性（benign）與惡性（malignant）。一般來說，良性腫瘤的生長速度較慢，而且未有侵入周遭的組織，亦沒有轉移至其他組織。與之相反的就是惡性腫瘤，大多會影響生

理功能的腫瘤都是惡性腫瘤。

　　血液腫瘤就是由骨髓造血細胞或淋巴細胞不正常生長引起的疾病。血液腫瘤對大部分人來説都是比較難理解的。絕大部分我們認識的惡性腫瘤，如肺癌、肝癌、乳癌、大腸癌等，在病理分類上都是屬於上皮細胞癌（carcinoma），都是覆蓋身體的表面、體腔及管道的上皮細胞，是結實地存在的腫瘤。例如乳癌病人有時就連自己都可以摸到腫塊，外科醫生可以把這些腫瘤切下來，把它整個放在手上。反之，血液腫瘤其實不太像大家心目中的「腫瘤」，例如白血病只不過是一些不正常生長的血液細胞，散佈在骨髓與血液中，並沒有腫塊，它是看不見、摸不到的。因此轉移與侵入等概念在血液腫瘤中並不適用，所以良性與惡性的界線也較為模糊。

　　隨著科學的進展，科學界對癌細胞生物學的理解也逐漸加深。一般的細胞有一套完整的機制控制其生長與複製，當中牽涉到很多複雜的生物化學，如細胞週期蛋白（cyclin）與細胞週期蛋白依賴性激酶（cyclin dependent kinase），而不同的生長訊號又可以影響細胞週期蛋白的運作，從而影響細胞生長。而癌細胞有很多獨特的性質，如有「自給自足」的生長訊號、對抑制生長的訊號並不敏感、可以逃避細胞凋亡（apoptosis）等，令它可以「無王管」地任意生長。

　　細胞死亡分為兩種，分別是凋亡與壞死（necrosis）。壞死時細胞結構會全面溶解，有成群細胞死亡。凋亡是較有計劃的死

亡，有時候甚至是細胞自己誘發的「自殺」。凋亡的細胞有相對完整的細胞結構，而且可以有單一細胞的死亡。當 DNA 損壞時，細胞會有機制去誘發凋亡，以防細胞變成癌細胞。

大家也許不知道，腫瘤其實可以算是一種遺傳學疾病，因為它或多或少都牽涉到基因的變異。這些牽涉的基因可以分為三大類——腫瘤抑制基因（tumour suppressor gene）、致癌基因（oncogene）與 DNA 修復基因（DNA repair gene）。

腫瘤抑制基因，顧名思義就是抑制腫瘤的基因。它們負責調控或監控細胞生長及在必要時啟動細胞死亡的機制。最鼎鼎大名的腫瘤抑制基因，莫過於 TP53 基因了。TP53 基因負責製造 p53 蛋白，透過影響細胞週期蛋白監控細胞生長，又會負責 DNA 修復與控制細胞凋亡。當突變使它失去功用，細胞就開始胡作非為，胡亂生長了。目前已發現 50% 以上的腫瘤中存在 TP53 基因的突變，顯示這基因與腫瘤細胞增殖有著重要關係。在血液腫瘤中，TP53 的突變大多都意味著更具侵略性的疾病，如在慢性淋巴性白血病、多發性骨髓瘤及急性骨髓性白血病中，TP53 突變都代表著較差的預後（prognosis，預後是一個醫學名詞，指根據病人的情況去推測未來經過治療後的結果），病人對化療的反應較差，復發機會也較高。

致癌基因是一些會能誘發正常細胞變成癌細胞的基因，是由原癌基因（proto-oncogene）突變而成。原癌基因是在正常細胞基因組存在的基因，大多負責控制細胞生長。功能正常的原癌

基因並不會引發癌症。但當原癌基因突變成致癌基因，它就會像「升級」一樣獲得新的功能，刺激細胞過度生長。JAK2 就是一個典型的血液腫瘤相關的原癌基因，它負責合成一種酪氨酸激酶（tyrosine kinase），與特定的受體一起發揮作用。當受體受到特定細胞因子的刺激，JAK2 酪氨酸激酶就會活化下游基因，影響細胞的增殖，這對控制血液細胞的增生非常重要。但當 JAK2 基因出現 V617F 突變，就會令 JAK2 酪氨酸激酶可以在沒有細胞因子的刺激下進行細胞增殖，引起幾種不同的骨髓增殖性腫瘤（myeloproliferative neoplasm，簡稱 MPN）。

DNA 修復基因，顧名思義就是負責 DNA 修復的基因。人體每天都有很多細胞出現基因突變，不少化學物、放射性射線，甚至是病毒感染都可以誘發 DNA 突變。幸好身體有一個很完善的機制修復出錯的基因。不過，假如 DNA 修復基因自己出現了突變而失去功用，就令到基因出現突變的機會大增，如果牽涉到腫瘤抑制基因或原癌基因，就有可能誘發腫瘤了。一個罕見的血液學疾病——范可尼貧血（Fanconi anaemia）就是由於 DNA 修復基因突變所引起。科學家現已發現了二十多組不同的 DNA 修復基因與范可尼貧血相關，其中最常見的突變來自 FANCA、FANCC 與 FANCG 基因。范可尼貧血患者除了會出現骨髓功能衰竭外，病人患上急性骨髓性白血病、外陰癌、頭頸癌症、食道癌等的機率亦會大增。由此可見，DNA 修復基因的突變與癌症的關係非常密切。

血液腫瘤的分類

世界衞生組織（World Health Organization）為了統一血液腫瘤的分類，推出了《造血與淋巴組織腫瘤 WHO 分類》，這個分類現已更新過幾次，最新的是 2017 年推出的第四版修訂版。它可以説是血液病理學的聖經，每一位血液病理科醫生都必須把它讀得滾瓜爛熟。

根據《造血與淋巴組織腫瘤 WHO 分類》，血液腫瘤可以分成幾百種，當中又可以歸納為 15 個大類。不過這個分類系統對普羅大眾，甚至是大部分非血液科醫生來説都太複雜了，因此史丹福會用一個更「貼地」的分類方法，令大家對血液腫瘤有個概括的了解。簡單來説，血液腫瘤大致上可以分為白血病（leukaemia）、淋巴癌（lymphoma）、多發性骨髓瘤（multiple myeloma）、骨髓異變綜合症（myelodysplastic syndrome，簡稱 MDS）及骨髓增殖性腫瘤。

白血病就是造血系統的癌症，癌細胞會在血液中出現，所以俗稱「血癌」。白血病又可以簡單地分為急性骨髓性白血病（acute myeloid leukaemia，簡稱 AML）、急性淋巴性白血病（acute lymphoblastic leukaemia，簡稱 ALL）、慢性骨髓性白血病（chronic myeloid leukaemia，簡稱 CML）及慢性淋巴性白血病（chronic lymphocytic leukaemia，簡稱 CLL）四大類。急性白血病來得很急很猛，病人大多有嚴重的造血障礙，病徵明顯

（詳見第 3.2 篇〈從《藍色生死戀》說起〉）。反之，慢性白血病的症狀緩和，有不少病人都是完全沒有症狀的，他們只是因其他原因進行抽血檢查而無意中發現。假如沒有症狀的話，慢性淋巴性白血病患者甚至可以不接受治療，只要定期觀察便可。

淋巴癌又稱淋巴瘤，由淋巴細胞在淋巴系統內異常地增生而引起。淋巴癌可以分成何杰金氏淋巴癌（Hodgkin lymphoma）與非何杰金氏淋巴癌（non-Hodgkin lymphoma）。何杰金氏淋巴癌由於其別具一格的細胞形態而在淋巴癌的分類中有特殊的地位。非何杰金氏淋巴癌可以再細分為 B 細胞淋巴癌、T 細胞淋巴癌與 NK 細胞淋巴癌，分別對應著三種正常的淋巴細胞（詳見第 3.6 篇〈漫談淋巴癌與淋巴增殖性疾病〉）。

多發性骨髓瘤是由癌變的漿細胞（plasma cell）所引起的血液癌症。漿細胞由 B 淋巴細胞演化而成，本應負責製造抗體，是一種重要的免疫細胞。但癌變的漿細胞會入侵骨髓，影響正常的骨髓造血功能，更會破壞骨骼，刺激當中的鈣流失到血液中。它分泌的單株抗體蛋白可以積聚在腎小管中，令腎功能受損。高血鈣（hypercalcaemia）、腎功能受損（renal impairment）、貧血（anaemia）、骨骼病變（bone lesion）這四大病徵是多發性骨髓瘤的標記。為了方便記憶，我們取其首個英文字母，把它們統稱為「蟹症狀」（CRAB symptom）（詳見第 3.7 篇〈古埃及木乃伊的癌症〉）。

骨髓異變綜合症可以當成是一種「白血病前期」，因為這疾病久而久之會演化為急性白血病。在細胞遺傳學未發展成熟之前，醫學界只知道骨髓異變綜合症的病人有非常奇怪的細胞形態。在顯微鏡下，血液與骨髓中的細胞常常如畸形般，病理學上稱這為「異變」（dysplastic）。到了今天，我們知道骨髓異變綜合症常牽涉到染色體的變化，是一種與細胞遺傳學有密切關係的疾病（詳見第 3.5 篇〈畸形的細胞〉）。

　　骨髓增殖性腫瘤是幾種骨髓異常地過度生長的疾病的統稱，這些疾病會使骨髓製造過多白血球、紅血球或血小板。主要包括原發性血小板過多症（essential thrombocythemia）、真性紅血球增多症（polycythaemia vera）、原發性骨髓纖維化（primary myelofibrosis）及慢性骨髓性白血病。其中原發性血小板過多症及真性紅血球增多症分別會令患者的血小板及紅血球增多。值得留意的是，這些增生的細胞功能其實是正常的，所以病人的血液功能並不受影響。除了較易出現血栓外，病人其實大多都沒有病徵。原發性骨髓纖維化則是由於異常的巨核細胞增生，釋放細胞激素，令到骨髓製造纖維組織，引起纖維化。早期原發性骨髓纖維化患者的白血球與血小板會增高，到了後期就會因纖維組織取締正常骨髓功能，令所有血細胞數量下降。

《血液狂想曲 1》的這段樂章將與大家在各式各樣的血液腫瘤中穿梭。請大家伴隨著狂想曲的音符，一起進入血液腫瘤的世界吧。

血液小趣聞　　癌症與蟹

大家都知道癌症的英文是cancer。但另一方面，大家也可以在繁星點點的夜空中找到「cancer」的蹤影，因為cancer同時亦是巨蟹座的英文名稱。究竟兩者有何關係呢？（題外話，其實要在夜空中找到巨蟹座也不容易，因為它是一個暗淡細小的星座，最亮的視星等只有3.52。比較起來，在黃道上與它相近的雙子座與獅子座則壯觀顯眼得多。）

Cancer此字來自古希臘文「karkinos」，就是蟹的意思。古希臘「醫學之父」希波克拉底（Hippocrates）最先用這詞語來形容癌症，因為他留意到固體癌腫瘤有豐富的血管生長，血管從四方八面與腫瘤連接，像蟹腳一樣，所以就用了這名稱。

從《藍色生死戀》說起

　　《藍色生死戀》是韓式愛情悲劇的始祖，它以俊男美女（這是宋慧喬早期的成名作）、優美畫面及淒美的劇情，成功掀起了一股「韓流」。直到今天，《藍色生死戀》仍然是韓劇入面經典中的經典。

　　故事講述宋慧喬飾演的恩熙小時候在醫院裡與另一嬰兒調換了，與宋承憲飾演的俊熙成了兄妹。但恩熙長大後發現了這真相，於是只能與「哥哥」俊熙分開，回到自己親生母親身邊。之後恩熙與俊熙再重遇，但俊熙卻發現自己對恩熙的感情不止是兄妹情，而是真正深深愛上了她。然而此時恩熙卻頻頻暈倒，之後醫生發現她患上白血病。

　　究竟恩熙的身體發生了甚麼事呢？為何她會經常暈倒、臉色蒼白及流鼻血呢？白血病又究竟是甚麼呢？

甚麼是白血病？

　　白血病俗稱「血癌」，顧名思義是一種血液的癌症。白血病又可以分為急性白血病與慢性白血病兩大類，慢性白血病的症狀較溫和，病人很多時候都與常人無異，而且可以存活相當長的時

間。以恩熙的症狀及劇集中的種種證據來看，恩熙得到的應該是急性白血病。

白血病在十九世紀中期由英國醫生班尼特（John Hughes Bennett, 1812–1875）及有「現代病理學之父」之稱的菲爾紹（Rudolf Virchow）分別描述。菲爾紹最先用到「leukämie」一詞去形容這種血液疾病，這詞由希臘文中的「leukos」及「heima」二字結合而成，基本上就是「白色的血」的意思。那白血病為甚麼叫做白血病呢？原來白血病是血液細胞不受控地增長所引發的疾病，這些異常生長的細胞大多是白血球，當血液中充斥著白血球時，血液就變得較為淡色。把血液放進試管內進行離心會把它分成幾層液體（詳見第 1.1 篇〈血是甚麼？〉），其中一層是白色的白膜層，它由白血球所組成，白血病病人往往都有明顯增厚的白膜層。

根據定義，急性白血病是指母細胞佔了血液或骨髓中超過20% 的帶核血液細胞。母細胞是血液細胞的祖先，所有成熟的血液細胞都是由母細胞演化而成的。母細胞就像一個嬰兒，所有對社會有貢獻的成人都是由嬰兒長大而成的。但試想想，如果整個社會都是嬰兒，多到把成年人全都迫走，那麼社會會變成怎樣？這將是一個不能運作的死城。同樣道理，在急性白血病中，母細胞不受控地增生，但又不能變成成熟細胞，結果骨髓及血液都被它們佔據了，真正負責工作的血液細胞卻大幅減少。這就是恩熙身體發生的事，她因不夠紅血球而貧血，因而臉色蒼白、經常暈倒，又因為不夠血小板而流鼻血。她亦會因為缺乏正常運作的成熟白血球而免疫力下降，容易受到感染。

白血病的診斷

恩熙進了醫院後，醫生大概為她進行過血液檢查。把恩熙的血液放在顯微鏡下觀察，應該會見到圖 3.2.1 的畫面。

大家見到血液中充滿了看起來很不規則的細胞，它們有非常高的細胞核比細胞質比例，即是說細胞中以細胞核佔大多數，只有少量細胞質。它們的染色質看上去很「鬆」，而且偶爾可以找到核仁。這些就是母細胞了。

母細胞又大致上可以分成骨髓母細胞（myeloblast）及淋巴母細胞（lymphoblast）兩大類。骨髓母細胞是粒細胞的祖先，而淋巴母細胞則是淋巴球的祖先。因此急性白血病也可以分為兩大類——急性骨髓性白血病（AML）及急性淋巴性白血病（ALL）。在 AML 中，癌變的母細胞屬於骨髓母細胞，在 ALL 中，癌變的母細胞則是屬於淋巴母細胞。

如何在顯微鏡下分辨骨髓母細胞及淋巴母細胞？這可不簡單了，因為它們都不太成熟，形狀都很相近。情況就好像剛出生的小朋友，全部都差不多樣子的，很難分辨。不過根據教科書的說法，淋巴母細胞的體積比骨髓母細胞小，而且細胞核比細胞質的比例較高。淋巴母細胞的細胞核較「實」，而且相比起骨髓母細胞，會比較規則，沒有那麼「三尖八角」。AML 中的骨髓母細胞還有一個重要的特徵——奧爾氏桿（Auer rod）。這是髓過氧化物酶（myeloperoxidase）結晶化且不正常地連結起來而引起的

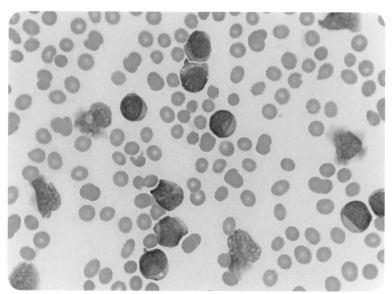

圖 3.2.1 思熙的血液在顯微鏡下大概就是這樣子。

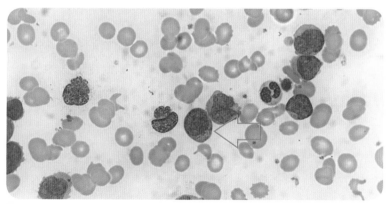

圖 3.2.2 急性骨髓性白血病病人的周邊血液抹片，大家可以見到母細胞的細胞質中帶有奧爾氏桿，它就像紫色的一條線。

現象，在顯微鏡下呈現為細胞質中紫色的一條線，像是一支針般（圖 3.2.2）。只要見到它，我們就可以立即診斷病人得了 AML。然而，見不到它卻不一定代表不是 AML。奧爾氏桿由美國生理學及藥理學家奧爾（John Auer, 1875-1948）在 1906 年描述，但其實當時他錯誤地以為奧爾氏桿是 ALL 細胞的特徵，後來人們才慢慢發現事實上剛好相反。

除了血液檢查，醫生也為恩熙進行了骨髓檢查。劇集中甚至播出她接受骨髓檢查的過程，當恩熙在忍痛接受骨髓檢查時，鏡頭影著的是俊熙送給恩熙的戒指，畫面相當淒美。

骨髓檢查的作用是幫助化驗師進一步為急性白血病分類。另外，骨髓檢查的樣本也可以用來進行細胞化學（cytochemistry）、流式細胞技術、細胞遺傳學（cytogenetics）及分子遺傳學（molecular genetics）的檢測，為醫生提供更多疾病特性及預後的資訊。

白血病的治療

在確診了急性白血病之後，恩熙自然要接受化療。不同種類的急性白血病需要利用到不同的化療藥物組合去治療。不過大致上都分為誘導（induction）、鞏固（consolidation）及維持（maintenance）三期。誘導期化療是以很高劑量的化療藥物極速地殺死大量癌細胞，令白血病進入所謂的「緩解」

（remission）。顧名思義，緩解是令到病情減輕的意思，此時骨髓中的母細胞只有少於5%的數量。雖然病人的危機在緩解期中暫時得以紓緩，但這並不是一勞永逸的。只要有少量的癌細胞殘留在骨髓中，它們就可以隨時東山再起，再次增生，引起急性白血病的復發。鞏固及維持期的治療就是長期地使用相對溫和的化療藥物把餘孽一網打盡。這與軍事上的要攻佔敵軍陣地的戰略不謀而合，就是先以大規模的炮火轟炸，盡量殲滅敵軍，最後再派地面部隊進去把殘餘的敵軍掃清。

　　化療是一種置之死地而後生的療法。化療藥物進行的是無差別攻勢，它們大多都是干擾正常的細胞分裂，對所有細胞，不論正常或異常的，都有很強的毒性。只不過癌細胞增生的速度較快，所以化療藥物對癌細胞的影響理應比正常造血細胞大。以戰爭來做比喻，這療法就似是自己的陣地被敵軍佔領時，以原子彈轟炸自己陣地，期望原子彈殺死敵軍多於己軍，是百分百的「焦土戰術」。化療藥物把正常的血液細胞都打得五勞七傷，所以接受化療的病人非常容易受感染與流血。

　　最後，恩熙還是要用到血液學中最後的終極療法——異體骨髓移植（allogeneic bone marrow transplantation）。此療法的原理是以非常非常大劑量的化療藥物，比一般化療使用的劑量還要高很多的劑量，把骨髓中的一切細胞都毀滅。有別於普通的化療，正常的骨髓造血細胞被這個劑量的化療藥物攻擊後是絕無可能復原的。因此，病人之後需要其他人的骨髓來取代自己原本的造血細胞，以回復正常的造血功能，否則病人是必死無疑的。以

戰爭來做比喻，這是終極的「焦土戰術」，就似是把一百枚核彈投向被敵軍佔領的陣地，確保裡面的所有人，不論敵友都必死無疑，之後再請外來的友軍重新佔領陣地。異體骨髓移植還有一個額外的作用，就是外來的骨髓細胞可以有免疫功用，攻擊殘餘的癌細胞，這個現象有一個很厲害的名稱，叫「移植物抗白血病效應」（graft-versus-leukaemia effect）。

那麼是不是所有急性白血病的患者都必須接受異體骨髓移植？那倒不一定。因為異體骨髓移植的毒性太強，死亡率極高，所以非迫得已時，醫生是不會出此下策的。醫生會根據母細胞的基因、病人的臨床病歷、對化療的反應等不同因素考慮，只有真正高危的急性白血病才值得使用這種終極療法。此外，病人的年紀及各個器官功能都是考慮的因素，如果病人的年紀較大或者器官功能較差，他根本不會捱得過這項治療，就無謂白作犧牲了。當然，要尋找適當的骨髓捐贈者是很困難的，捐髓者與病人的白血球組織型（human leukocyte antigen，簡稱 HLA）必須高度吻合。

很不幸的，恩熙最後等不到合適的捐贈者，與俊熙於海灘上走完了人生的最後一程，在俊熙的肩背上離開……

3.3　砒霜入藥

砒霜的化學學名是三氧化二砷（arsenic trioxide），它大概是中國文學史上的「毒中之最」，以砒霜作毒藥可說是深入民心。在《紅樓夢》中，夏金桂因嫉妒香菱，想用砒霜毒害她，最後卻自己誤服砒霜，令鼻子眼睛裡流出血來，滿臉黑血而死。《水滸傳》中的潘金蓮也是以砒霜謀殺親夫武大郎，成了中國文學史上其中一幕最經典的砒霜殺人橋段。

中國傳統醫學中也素有利用劇毒之物治病的做法，《本草綱目》中就有記載利用砒霜治療皮膚病及梅毒。唐代著名的醫藥學家孫思邈曾使用雄黃、雌黃和砒霜等混合起來用於治療瘧疾。而現代的西方醫學竟然也有以砒霜入藥的做法。砒霜原來是治療急性前骨髓細胞性白血病（acute promyelocytic leukaemia，簡稱APL）的良藥。

最危急的血液疾病

APL 是急性骨髓性白血病（AML）的一種，然而它的特性卻與其他 AML 頗為不同。APL 是其中一種最危急的血液疾病，因為它可以引起瀰漫性血管內凝血（disseminated intravascular coagulation，簡稱 DIC），假如得不到適當的治療，病人很容易

會在數日甚至數小時內因腦出血而死亡。因此 APL 曾經是一種死亡率非常高的疾病。

為何 APL 會引起瀰漫性血管內凝血呢？原來 APL 的癌細胞含有大量的組織因子，它們會大規模地激活凝血系統，在血管內加速凝血因子的消耗。而雪上加霜的是，癌細胞的膜聯蛋白 A2（annexin A2）含量也異常地高，這種蛋白質可以增加胞漿素（plasmin）的生成，幫助溶解纖維蛋白（fibrin），降解因凝血系統被激活而產生的血栓。APL 的患者除了凝血系統外，纖維蛋白分解（fibrinolysis）系統同時被激活了。這就彷彿像是一間餐廳的廚師非常勤力地煮食，廚房外的食客又瘋狂大吃，這樣的話餐廳的食物材料很快會耗盡。

APL 其實是由一種獨特的 t(15;17)(q22;q12) 染色體變異引起的，它是由於第 15 條染色體及第 17 條染色體出現易位，導致產生了一種名為 PML-RARA 的壞蛋白，它會阻礙白血球的成長，令粒細胞的成長只停留在前髓細胞的階段而不能繼續成熟。（提提大家，正常的粒細胞是沿著母細胞→前髓細胞→髓細胞→中髓細胞→帶狀細胞→節狀核嗜中性白血球的過程成長的。）APL 的癌細胞其實就是異常的前髓細胞。

因為 APL 容易引起嚴重出血，令到它成了血液科醫生最不容出錯及延誤的一個疾病。其他的白血病大多都可以等待骨髓檢查、細胞化學、流式細胞、細胞遺傳學及分子遺傳學的檢測去幫助診斷，唯獨 APL 是分秒必爭的。醫生必須單靠周邊血液抹片及

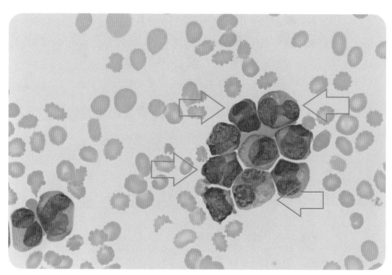

圖 3.3.1 急性前骨髓細胞性白血病病人的周邊血液抹片（紅色箭嘴：橙紅色的如晚霞般的細胞質顆粒；藍色箭嘴：兩塊葉似的細胞核。這張圖片的細胞並沒有奧爾氏桿。）

老朋友顯微鏡，膽大心細、刻不容緩地作出診斷。

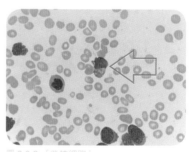

圖 3.3.2 「柴枝細胞」

　　在顯微鏡下，這些不正常的前髓細胞有幾個特別的特徵，包括奧爾氏桿（細胞質中有細長紅色的包涵體）、橙紅色的如晚霞般的細胞質顆粒，還有兩塊葉似的細胞核（也有人形容為蘋果核形狀）（圖3.3.1）。

有時候，我們甚至可以找到一種特別的「柴枝細胞」（faggot cell），這種細胞的細胞質中有大量細長紅色的奧爾氏桿，多得就像一束柴枝般。大家又覺得像不像呢（圖 3.3.2）？

遇到 APL 的病人時，醫生的首要任務是預防出血，因為這是 APL 最致命的地方。假如醫生在病人病發初期保不住病人的性命，那麼無論有多先進的療法都是得物無所用的。醫生應為病人輸血漿與血小板，確保凝血指數正常，血小板數量維持高於 $50 \times 10^9/L$。

曙光乍現

APL 在 1957 年被發現時是一種死亡率非常高的血液癌症，法國巴黎聖路易醫院的醫生伯納德（Jean Bernard, 1907-2006）卻發現 APL 對柔紅霉素（daunorubicin）單一化療藥物療法的效果非常好。有別於其他的急性白血病需要使用化療藥物組合，APL 的癌細胞似乎對單一化療藥物療法都非常敏感。

七十年代，科學家又有一個新穎的想法，就是 APL 既然是因為細胞停留在前髓細胞的階段而不能繼續成熟所引起，那麼要治療這種白血病其實並不需要殺死癌細胞，只要讓它們分化成為成熟細胞就可以了。這就如一個罪犯犯了罪，其實不一定要判他死刑的，透過懲教的方法令罪犯改過自身，之後重新貢獻社會，也不失為一個好方法。1977 年，美國國家癌症研究中心的研究人

員布雷特曼（Theodore R. Breitman）及其團隊發現一種與維生素A相關的化合物全反式維生素A酸（all-trans retinoic acid）可以扭轉 APL 細胞不能成熟的問題，強迫細胞繼續分化成成熟的細胞。這成了 APL 治療的新曙光。中國上海第二醫科大學的血液學醫生王振義最先利用全反式維生素A酸治療了一系列的 APL 病人。他的研究吸引了法國醫生的注意，透過與法國醫生的交流，王振義的發現傳到了西方醫學界。之後，柔紅霉素與全反式維生素A酸成了治療 APL 的第一線療法。

砒霜的興起

至於砒霜入藥的故事就更具戲劇性了。

文化大革命大概是上世紀最大的一次人禍，泯滅人性的獨裁者為了鞏固自己的權力，發起了這場惡名昭彰的政治運動，導致中國傳統文化與道德淪亡、經濟受嚴重影響、受害人數以千萬計，不少人稱之為「十年酷劫」。不過這場惡名遠播的政治運動倒也間接地促進了 APL 療法的發展。事緣毛澤東為了促進農村的醫療，把城市的醫生編配到農村。另外，他也大力提倡傳統中醫藥的好處。這兩個政策導致大量醫者聲稱發現傳統中醫藥的重大治療功效。當然，大多數的發現都是真假難分，誇大其詞的。

然而，哈爾濱醫科大學第一附屬醫院的藥學家韓太雲卻從民間中醫得知用砒霜、輕粉（化學成分是氯化亞汞 Mercury(I)

chloride）和蟾酥治療淋巴結核和癌症的方法。韓太雲於是把配方改量，製成水溶性藥劑，方便注射，他把這藥劑稱為 713 或者「癌靈」。這種藥物之後風行一時，被用作治療多種癌症。不過由於缺乏系統性的研究，當時的醫生並不知道這藥物對哪種癌症有效，哪種無效，也不知道當中的有效成分是甚麼。同樣來自哈爾濱醫科大學第一附屬醫院的醫生張亭棟被黑龍江省衛生廳派去驗證「癌靈」的療效。張亭棟把研究集中在白血病，而不是盲目地用於所有癌症。他發現「癌靈」的成分中，有效的是砒霜。輕粉會造成腎衰竭，蟾酥會引起高血壓，輕粉與蟾酥只加重了毒性，卻對治療白血病沒有額外的功效。於是他又把「癌靈」的成分改成主要是砒霜，裡面加入少量輕粉，不再加入蟾酥。

此後的二十多年間，張亭棟一直嘗試以「癌靈」治療不同的白血病。早在 1979 年，他已經清晰地奠定了我們今天的認識，砒霜可以用來治療白血病，並且對 APL 的效果特別理想。不過可惜的是，他的研究都是以中文發表的，所以西方的世界一直不知道這種神奇的療法。直到今天，西方的醫學界仍然對這段歷史了解不多。因此張亭棟可以說是其中一位最得不到應有肯定的中國醫學學者。

1992 年，孫鴻德等人延續張亭棟的研究，並在期刊發表了一篇文章介紹以「癌靈」治療 APL 的 32 個案例作為經驗交流。這文章同樣是以中文發表的，卻不知道為甚麼得到了西方醫學界的注意。現時不少西方醫學學者都以為使用砒霜治療 APL 的研究起源於 1992 年，不少醫學論文都會引用這篇 1992 年發表的文章，雖

則這篇文章提出的結論與張亭棟在 1979 年發表的文章基本上是相同的。

至於為何砒霜可以治療 APL 呢？後來的研究指出砒霜可以兩個不同機制對付 APL 的癌細胞，低劑量的砒霜可以令異常的前髓細胞分化成為成熟細胞，較高劑量的砒霜則可以誘導癌細胞的細胞凋亡。

隨著全反式維生素 A 酸及砒霜這兩種革命性的藥物的出現，APL 已經由當初的惡夢變成了其中一種最容易治療的白血病。事實上，不少研究都顯示接受了全反式維生素 A 酸及砒霜組合療法的病人絕大部分都可以達到完全緩解，而且五年存活率高於九成。只要醫生能在病發初期作出正確的診斷，並且穩定著病人的出血情況，這種最壞的白血病就會變成最容易治療的白血病。

費城染色體的傳奇

先與大家玩一個不需要甚麼醫學知識，純粹考大家觀察力的「找不同」小遊戲。人類有 23 對染色體，除了第 23 對的性染色體外，其他的 22 對的樣子都是相同的。不過圖 3.4.1 中的 23 對染色體中，其中有兩對的樣子並不相同，條紋並不對稱，大家覺得是哪兩對呢？

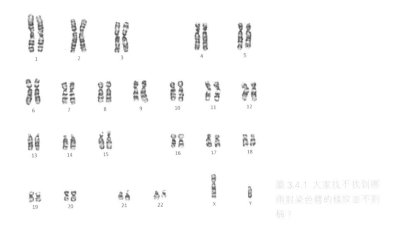

圖 3.4.1 大家找不找到哪兩對染色體的條紋並不對稱？

答案是第 9 與第 22 對染色體。大家細心留意一下，就會見到在第 9 對染色體中，右邊的比左邊的長，而在第 22 對染色體中，右邊的比左邊的短。假如你完全沒有受過細胞遺傳學（與染色體有關的遺傳學）的訓練都找到這兩對不同的染色體，那麼你的觀察力實在非常好，可以考慮一下在這領域發展啊！

較短的第 22 條染色體有一個專有的名稱，叫「費城染色體」（Philadelphia chromosome）。費城染色體在細胞遺傳學中有著教主般的地位。它的發現令醫生對癌症遺傳學的認識帶來了翻天覆地的改變。費城染色體發現至今已近 50 年，醫生現在對各式各樣的染色體病變已經認識得相當透徹，不過即使如此，費城染色體仍是唯一一條有自己專有名字的染色體，它的地位從此可見一斑。

慢性骨髓性白血病

　　費城染色體與慢性骨髓性白血病（CML）有著密不可分的關係。之前介紹過英國醫生班尼特及「現代病理學之父」菲爾紹於十九世紀中期首先發現報告白血病的案例，雖然當時他們未懂得為白血病分類，不過根據他們的描述，患者有肝脾腫脹及很高的白血球數量，便有理由相信他們報告的病例就是 CML。

　　CML 是一種慢性白血病。在慢性期（chronic phase）時，病人血液中的白血球增高，而且以嗜中性白血球及髓細胞為主（圖 3.4.2）。CML 另一個很特別的血液特徵就是嗜鹼性白血球增多，這是 CML 特有的記認，在血液疾病中絕無僅有。病人的脾臟會腫大，而且可以腫大得非常誇張，甚至把整個左腹都霸佔了。

　　由於慢性期的 CML 基本上沒有甚麼特別病徵（病人不一定會感覺到自己的脾臟腫大），大部分的病人都是因其他問題抽血檢查時偶然發現的。大台劇集《On Call 36 小時 II》中，由吳啟華飾演

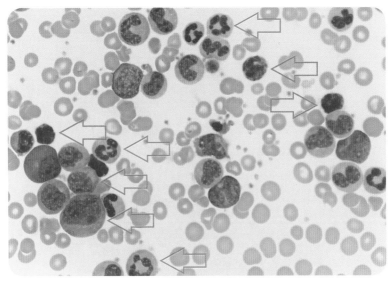

圖 3.4.2 慢性骨髓性白血病病人的周邊血液抹片（白血球的數量增加，以嗜中性白血球及髓細胞為主，嗜酸性白血球也增多。紅色箭嘴：嗜中性白血球；藍色箭嘴：髓細胞；綠色箭嘴：嗜酸性白血球。）

的病理科醫生洛文笙患有血癌多時，卻一直莫名其妙地不肯接受治療，而又繼續生活如常。雖然劇中沒有明確說明他患有哪一種血癌，不過我相信應該就是 CML。

CML 的病徵溫和，但並不代表它比急性白血病「仁慈」，它是以溫水煮蛙的形式殺人。病人會在數年內慢慢惡化成加速期（accelerated phase），之後再轉化成急性期（blast phase），病人會因骨髓功能不全而出現貧血、流血、感染等症狀，這時病人如果不進行骨髓移植的話，死亡率極高，差不多是九死一生。在有效藥物出現前，CML 的患者基本上是在等待生命的倒數。

醫學界發現 CML 已久，卻一直不知道它的成因，直到細胞遺傳學的興起後，大家才算真正認識到這個病。

細胞遺傳學的興起

細胞遺傳學的發展起初相當緩慢。染色體在 1875 年被發現，但科學家卻竟然要到 1956 年才知道人類細胞染色體的數量——23 對。在此之前曾有科學家在顯微鏡下數到 24 對染色體，這個數字一直在科學界中流傳了多年，卻到了三十多年後才有人發現到真正的數量，改正了這錯誤。

在那個時候，細胞遺傳學的技術仍然相當原始，科學家亦很難分得清每一條染色體，他們只可以把差不多大小的染色體歸成同一組，由大至小分別是 A 組至 G 組。

上世紀六十年代，分子生物學家諾維爾（Peter Nowell, 1928-2016）在研究血液癌症的染色體時，意外地使用了水喉水而不是化驗室常用的溶劑去清洗抹片，他發現這樣可以令染色體脹大，變得更加清晰可見。原來水喉水屬於低滲的液體，可以滲入染色體中令它們脹大。諾維爾就是這樣無意中發現了一種新的細胞遺傳學技術。直到現在，化驗師在進行細胞遺傳學檢查時，仍然會用低滲溶液去處理染色體，只不過化驗師使用的不再是水喉水，而是氯化鉀（potassium chloride）溶液。這個發現令諾維爾對染色體的細胞遺傳學與癌症的關係產生了濃厚的興趣，他之

後與研究生韓戈福（David Hungerford, 1927-1993）一起研究血液癌症，他們發現 CML 的病人絕大部分有一條很小的染色體，比正常人最小的 G 組染色體還要小。

　　這是一個非常重要的發現。因為當時的醫學界普遍相信癌症是由病毒引起的，而諾維爾及韓戈福的發現首次顯示了癌症是與染色體相關。他們二人在費城發現 CML 與染色體的關係，因此這短小的染色體就被命名為費城染色體。不過由於當時的細胞遺傳學只在非常初期的階段，所以他們其實並不知道費城染色體是甚麼，也不知道它是怎樣引起 CML。

　　到了 1973 年，芝加哥大學的羅利（Janet Rowley, 1925-2013）終於得知費城染色體的廬山真面目，她利用較為先進的細胞遺傳學技術，發現費城染色體是由第 9 條與第 22 條染色體易位而引起，也就是説兩者互相交換了物質。原來異常的第 22 條染色體較短，是因為它有一段物質被轉移到第 9 條染色體上。科學界有一個很有趣的説法去形容這發現——「費城失去的，在芝加哥中找到了」（"Lost in Philadelphia, found in Chicago"）。

　　科學家認識到費城染色體形成的機制是染色體易位，那麼他們很自然會問的另一個問題就是為甚麼染色體易位會引起癌症呢？

　　這問題要在近十年後才被人解答。1985 年，科學家海斯特坎普（Nora Heisterkamp）發現第 9 條及第 22 條染色體斷裂點上，

各含有一個基因，它們分別是 ABL 基因及 BCR 基因。費城染色體形成的過程會打斷這兩個基因，並組合成新的 BCR-ABL 融合基因。之後的研究顯示 BCR-ABL 致癌基因會製造出具有酪氨酸激酶（tyrosine kinase）活動的分子，激活細胞內的調控路徑，令細胞不正常地增生。這些發現令醫生對 CML 的認識從細胞的層面走到分子的層面。

最後勝利

那時候，醫學界可能想像不到這個發現不單改變了 CML 的治療，更將會為整個癌症療法的概念帶來海嘯式的改變。我們知道了引起 CML 的遺傳機制，那麼只要利用藥物針對 BCR-ABL 融合基因，不就可以完全治好此病嗎？這個前所未有的概念促使了標靶藥物伊馬替尼（imatinib）的誕生。它是歷史上第一種針對致癌基因的標靶藥物，也是人類史上最成功的標靶藥物之一。由於伊馬替尼把 CML 控制得太好，傳統的血液與骨髓檢查甚至已經不足以檢察病人的反應，今天醫生要用新的分子遺傳學技術去偵測病人體內尚存的極少量殘餘 BCR-ABL 融合基因數量，我們稱這為微量殘存疾病（minimal residual disease）偵測。

CML 在當年是首個被發現與染色體相關的癌症，今天又是首個被標靶藥物徹底征服的癌症。總之，在人類與 CML 的戰鬥中，人類大獲全勝。這是科學的勝利，是細胞遺傳學的勝利，也是分子遺傳學的勝利。

3.5　畸形的細胞

一位 84 歲的男士因貧血及血小板數量低下而入院。

圖 3.5.1 左面的是病人的嗜中性白血球，右面是正常的嗜中性白血球。

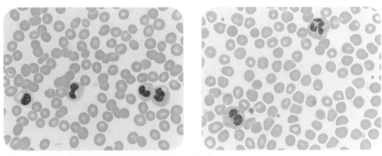

圖 3.5.1 病人的嗜中性白血球與正常的嗜中性白血球

讓我們再看看病人骨髓中的造血細胞，圖 3.5.2 的左面是病人的紅血球先驅細胞，右面是正常的紅血球先驅細胞。

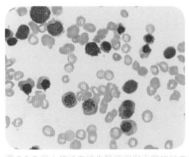 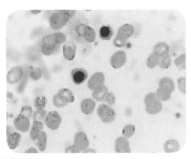

圖 3.5.2 病人的紅血球先驅細胞與正常的紅血球先驅細胞

圖 3.5.3 左面的是病人的巨核細胞，右面是正常的巨核細胞。

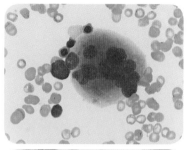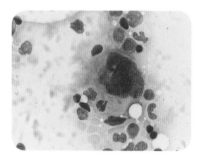

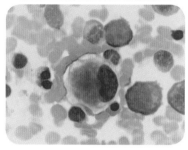

圖 3.5.3 病人的巨核細胞與正常的巨核細胞

　　大家覺得病人的血細胞與常人的有甚麼分別？大家也許一時間找不到合適的詞語去形容這些細胞，但相信大家都會同意病人的細胞很奇怪，很「樣衰」，甚至可以用畸形來形容。

細胞異變

　　病人的嗜中性白血球細胞質中的顆粒大幅減少。正常的嗜中性白血球細胞質有粉橙色的顆粒，而這位病人的嗜中性白血球細胞質卻是暗淡無色，粉橙色顆粒蕩然無存。另外，正常嗜中性白血球的細胞核分開成數塊葉，中間由幼絲般的細胞核物質連起

來，但病人的嗜中性白血球卻似乎有點「發育不良」，細胞核沒有分開成葉。

正常的紅血球先驅細胞應有一個圓圓的細胞核，細胞核的邊界應是平滑的。病人的紅血球先驅細胞卻有個不規則的細胞核，凹凸不平，有時候像種子萌芽一樣的凸了起來。某些紅血球先驅細胞有多個細胞核。

巨核細胞是血小板的「祖先」。由於巨核細胞DNA在不進行有絲分裂的情況下不斷複製，令它的細胞核變得非常巨大，且呈分葉狀。然而，病人的「畸形」巨核細胞卻擁有又小又沒有分葉狀的細胞核，亦有些細胞擁有分裂開的細胞核，樣子非常奇怪。

簡單來說，這些全部都是畸形的細胞，是細胞界的怪胎。不過大家都知道，醫生總愛用「懶係專業」的術語去形容其實很簡單的現象，所以我們把現象稱為「異變」（dysplasia）。擁有大量異變血細胞的疾病，亦順理成章地叫做骨髓異變綜合症（MDS）。

骨髓異變綜合症

究竟甚麼是骨髓異變綜合症呢？為甚麼細胞會變畸形呢？ 一如既往，讓我們先由歷史說起。

　1900 年，德國人路博（von Leube W, 1842-1922）寫了一個案例報告，描述了一名病人得到了嚴重的巨球性貧血（macrocytic anaemia），並在之後演化成急性白血病。雖然當時沒有人知道病人所患何病，不過以現代的醫學知識來看，這很有可能是歷史上首個記載的 MDS 案例。

　之後，醫學界又陸續出現了類似的案例，患者都有幾個共通點，就是巨球性貧血、血細胞減少、血細胞異變、骨髓中的母細胞增加，之後會慢慢演化成急性白血病。

　當年沒有人知道如何把這疾病分類，於是就引申出一個血液史上最混亂的命名問題。因為當年最為人所知的貧血病就是缺鐵性貧血與維生素 B12 缺乏症，但這種奇怪的疾病對鐵質及維生素 B12 的補充都毫無反應，因此有人把它稱為「頑抗性貧血」（refractory anaemia）；又因為這疾病常演化為急性白血病，所以又有人稱它為「白血病前期」（preleukaemia）。其他出現過的名稱包括「特發性貧血」（idiopathic anaemia）（之前曾經解釋過，「特發性」就是「我不知道這是甚麼」的意思，不過醫學界總要用些看似專業一點的名詞）、「非典型白血病」（atypical leukaemia）等。當各式各樣的名稱同時在醫學界中用來形容同一個疾病，可以想像到有多混亂。不過之所以有這麼多的名稱存在，歸根究底就是沒有人真正知道這個疾病是甚麼。

　到了 1982 年，法、美、英（French-American-British，簡稱 FAB）分型系統小組集合了眾多的血液學專家，最終一錘定

音，決定把這疾病稱為骨髓異變綜合症。幾十年的亂局終於迎來最終的大統一。然而，骨髓異變綜合症其實是一個光譜很闊的疾病，有的會在很短時間裡演化成急性白血病，有的卻只有輕微的血細胞低下且較低機率演化成急性白血病。基於這些差異，FAB又根據血細胞減少的種類及母細胞的多少等因素，再把MDS細分成不同的分型。之後世界衛生組織又推出了新的分類方法，不過其方法大致上都是以FAB的分型系統為藍本的。

到了九十年代，醫學界對MDS的認識加深了，發現原來MDS與染色體的異常息息相關。事實上，有超過一半的MDS患者都有染色體變異。有別於之前介紹過的CML，MDS患者可以有很多不同種類的染色體變異，而沒有像「費城染色體」般單一變異。有時候血細胞甚至會出現非常複雜的染色體變異。透過這些發現，醫生理解到MDS的成因應該與染色體的變異有密切關係。

經過二十多年的演化，現今的MDS分類方法已經加入了細胞遺傳學及分子遺傳學的考慮，而不再是單純的細胞形態分類。例如SF3B1的基因突變與一種特別的MDS亞型有關，紅血球先驅細胞常有一鐵顆粒環繞著細胞核，像戒指一樣，我們稱之為環形鐵芽母細胞（ring sideroblast）。

骨髓異變綜合症是一個相當難纏的疾病。病人要飽受血球低下的痛苦，會有貧血症狀、容易出血與感染，而且骨髓異變綜合症屬於白血球前期，假以時日，基本上它必定會演化成白血病的。醫生也只能眼白白看著病人慢慢惡化，無能為力，相當無助。

奇兵突起——阿扎胞苷

傳統的治療方案是支援性治療，例如為貧血的患者輸血，為血小板低下的患者輸血小板等。如果要根治疾病，就只能靠異體骨髓移植。不過異體骨髓移植的風險非常高，一般只適合於較年輕的，且高危的 MDS 患者。

但近年有一種新藥卻顛覆了 MDS 的治癒。這種新藥叫做阿扎胞苷（azacitidine）。有別於傳統化療藥物，阿扎胞苷並不是直接毒殺癌細胞，而是依靠改變基因的表現去抑制癌細胞。人體有不同的機制去控制基因的活躍性，把它開掉或關掉，其中一個方法是透過 DNA 甲基化（methylation）。阿扎胞苷可以抑制一種幫助 DNA 甲基化的酶，引起「低甲基化」（hypomethylation）的現象，令基因活化，幫助異常細胞回復正常運作。阿扎胞苷是一種皮下注射藥物，此藥可以幫助約四成多的病人減少輸血需求，不過一般需要幾個月才可以發揮效用。阿扎胞苷也可以有效減慢 MDS 轉化成急性白血病的時間，再加上它的毒性較傳統化療藥物低，即使年老的病人都可以承受到毒性。這些厲害的特性令阿扎胞苷近年在 MDS 的領域中一枝獨秀、奇兵突起，成了應用非常廣泛的藥物。

漫談淋巴癌與淋巴增殖性疾病

　　淋巴球是免疫系統中非常重要的一部分，假如它們「叛變」而變成癌細胞的話，其威力絕對是不容小覷的。人體有很完善的淋巴系統，是一個由淋巴結、淋巴管及不同淋巴器官組成的網絡，淋巴球就是靠這個系統循環至各個器官和組織。當淋巴細胞在淋巴系統內異常地增生，就會形成腫瘤，我們稱之為淋巴增殖性疾病（lymphoproliferative disorder）。如果異常的淋巴細胞集中在淋巴系統增生，我們就稱之為淋巴癌（lymphoma）或者淋巴瘤。如果異常的淋巴細胞主要去到血液中的話，我們就沿用之前的名稱，稱它為白血病。

　　根據世界衛生組織的病理分類，淋巴癌有過百種。大家可能好奇，簡單的淋巴球為何可以演化出過百種不同的淋巴癌？首先，淋巴球可以分為 B 細胞、T 細胞和 NK 細胞三大類，它們又再各司其職，微細地再細分成不同的類型，從事不同的工作。再者，淋巴球在「上陣殺敵」之前，要再經過一段漫長的「受訓」過程。在過程中，每一個步驟出錯都可以演化為不同的淋巴癌或淋巴增殖性疾病。

　　史丹福當然不可能盡數介紹這百多種不同的癌症，但我特意選擇了當中最常見及最重要的幾種與大家分享。

慢性淋巴性白血病

慢性淋巴性白血病（CLL）是西方國家最常見的白血病。這疾病在亞洲人中雖然沒有那麼普及，但也一點都不罕見，曾有報告指出，全香港的白血病個案中有約 12.5% 都是 CLL。

CLL 的患者一般都年紀較大。病人很多都沒有病徵，只是因其他原因驗血才偶爾發現。到了病情嚴重，才會出現淋巴腫脹、肝脾腫脹、骨髓功能抑制、自身免疫症狀等的症狀。

讓我們一起看看 CLL 病人的周邊血液抹片（圖 3.6.1），大家可以見到很多類似淋巴球的細胞，但又略有不同。這些淋巴細胞又小又圓，且有個非常獨特的染色質形態，像是一團團的聚集在一起，中間有一條條較淡色的「龜裂紋」。外國人稱這個圖案為「足球」（soccer ball）狀，但香港的血液學朋友一般都用一個較具本土色彩的形容詞——菠蘿包。大家又覺得那帶有「龜裂紋」的核染質像不像菠蘿包那塊凹凸不平的脆皮呢？

除了有異常的淋巴白血球外，抹片中更有不少破爛了的細胞。它們的細胞質都不見了，只剩下紫色散開的一團。我們稱這些破爛的細胞為塗抹細胞（smear cell）。塗抹細胞其實在我們的身體中並不存在，它們只是化驗檢查時製造出來的現象。因為 CLL 的癌細胞較為脆弱，所以在製造血液抹片的時候，很容易被弄破，做成塗抹細胞這現象。

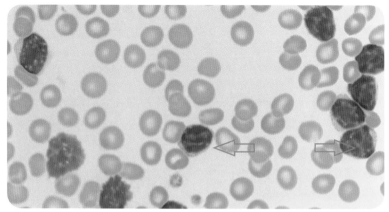
圖 3.6.1 慢性淋巴性白血病病人的周邊血液抹片

　　單靠血液抹片去診斷出 CLL 並不容易，因為有很多其他的淋巴增殖性疾病都會出現淋巴細胞增多的情況。幸好現在有強大的流式細胞儀（flow cytometry）幫助醫生作診斷。典型的 CLL 細胞在流式細胞儀分析下會呈現 CD5 及 CD23 陽性，CD79b 弱陽性，FMC7 陰性及表面免疫球蛋白（surface immunoglobulin）弱陽性。

　　正如之前所提及，CLL 的患者大多都沒有病徵。如果病人沒有症狀，就不一定需要接受治療，可以選擇觀察。如果病人有症狀就應接受治療。年輕的病人一般會使用藥性較猛的 FCR 化療組合，它包括了化療藥氟達拉濱（fludarabine）、環磷酰胺（cyclophosphamide）及標靶藥利妥昔單抗（rituximab）。年老的病人則可以考慮使用藥性較溫和的苯丁酸氮芥（chlorambucil）。

　　但醫學發展日新月異，醫生現在已經會利用細胞遺傳學的方法測定預後。如果病人有惡名昭彰的 17p 染色體缺失，這個染色

體變異會令 CLL 變得相當猛烈及頑強。染色體 17p 的位置中有 TP53 的基因，可以控制細胞生長，在細胞生長失控時下令細胞「自殺」。當失去了這部分的染色體，細胞就會失去「自殺」的能力，因此有 del(17p) 染色體異常的 CLL 是非常高危的，它對化療的反應比沒有這異常的 CLL 差很多，復發的速度也快很多。

幸好一種名為依魯替尼（ibrutinib）的新型標靶藥為治療這種高危的 CLL 帶來新希望。新藥可以抑制布魯頓氏酪胺酸激素（Bruton Tyrosine Kinase），從而抑制 B 淋巴細胞增生。這種藥物即使對惡名昭彰的 del(17p) 染色體異常 CLL，效果也較好。

何杰金氏淋巴癌

接下來要介紹的是淋巴癌中的「明星」——何杰金氏淋巴癌（Hodgkin lymphoma）。

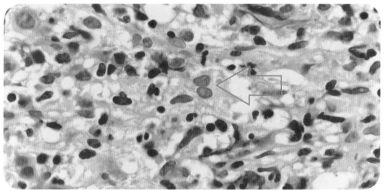

圖 3.6.2 何杰金氏淋巴癌病人的骨髓環鋸活檢片，圖中可見猶如兩顆大眼睛的立德 – 史登堡氏細胞。

我們單從淋巴癌的分類方法中已可得知其身份何其獨特，因為其中一個淋巴癌分類方法就是把它們分為何杰金氏淋巴癌與非何杰金氏淋巴癌（non-Hodgkin lymphoma）。由此可看出，在血液學家的心目中，何杰金氏淋巴癌比起其他淋巴癌都要特別，需要一個特殊的定位去分開它與其他種類的淋巴癌。

　　何杰金氏淋巴癌是首種被發現的淋巴癌。1666 年，顯微解剖學的始祖意大利醫生馬爾比基（Marcello Malpighi）為一名 18 歲的女士進行死後解剖，根據他寫的報告，醫學界普遍相信該女士患上何杰金氏淋巴癌，而這也是史上第一個被記載的淋巴癌個案。約一個多世紀之後，英國倫敦蓋伊醫院（Guy's Hospital）的醫生何杰金（Thomas Hodgkin, 1798-1866）在 1832 年發表了一篇醫學文章，描述了七位淋巴腫大的病人的解剖發現，後來的醫生就把何杰金發現的病稱為何杰金氏疾病。

　　何杰金氏淋巴癌患者常有頸部的腫脹，亦有些患者在 X 光檢查中發現縱膈（mediastinum）的腫脹。約有四分之一的病人會有發燒、體重下降、食慾不振、流夜汗等的系統性症狀。比起其他的非何杰金氏淋巴癌，這種淋巴癌的癌細胞在體內擴散的順序較有次序，通常是從某處淋巴結開始，逐步擴散開去，最後再進入肝臟及脾臟等器官，亦有少部分會入侵骨髓。

　　但何杰金氏淋巴癌究竟有何特別，令到它可以在淋巴癌的分類中鶴立雞群呢？這主要是因為其非常獨特的癌細胞形態。在顯微鏡下，傳統的何杰金氏淋巴癌細胞有兩個細胞核，每個核都有

一個大得像包涵體的核仁，大小相當於一個小淋巴球，就如有兩顆大眼睛（圖 3.6.2）。這種細胞叫立德－史登堡氏細胞（Reed–Sternberg cell），以兩位發現者命名。另外，立德－史登堡氏細胞是種非常「情操高尚」的癌細胞，因為它可以激起很強的免疫反應。在顯微鏡下，經常見到它被大量的淋巴球、巨噬細胞及漿細胞等免疫細胞包圍，簡直令人感覺到它是個「奄奄一息，滿身鮮血的受害者」，是「不情願的被犧牲者」。再加上它的表面帶有 CD15 與 CD30 的抗原，在免疫組織化學染色的方法下無所遁形，反映它沒有意圖隱藏身份。

對於何杰金氏淋巴癌的起源，科學界曾困惑了一段時間，直到較近期的研究才顯示出它是由生發中心（germinal center）或者後生發中心的 B 細胞轉化而來的。

在治療方面，淋巴癌的傳統第一線療法是 ABVD 化療組合，包含了阿黴素（adriamycin）、博來黴素（bleomycin）、長春花鹼（vinblastine）、長春新鹼（oncovin，又名 vincristine）及達卡巴嗪（dacarbazine）。早期的患者也可以考慮使用放射療法。除此之外，近來又出現了攻勢 CD30 的標靶藥物貝倫妥單抗（brentuximab）及免疫檢查點抑制劑（immune checkpoint inhibitor）等的新藥物治療何杰金氏淋巴癌。

瀰漫性大 B 細胞淋巴癌

瀰漫性大 B 細胞淋巴癌（diffuse large B-cell lymphoma）是最常見的 B 細胞淋巴癌，它屬於一種高級別淋巴癌。高級別的淋巴癌生長速度很快，亦很具侵略性。病人很早便會出現顯著的 B 症狀，如發燒、體重下降、食慾不振。另外，患者也常有明顯的淋巴腫脹，甚至會有肝功能受損。

有別於先前介紹的其他淋巴癌或淋巴增殖性疾病，瀰漫性大 B 細胞淋巴癌大多局限在淋巴組織內，甚少入侵骨髓，而進入血液的個案更是少之又少。話雖如此，當它入侵骨髓，其來勢洶洶、千骨萬馬之勢往往都令人目瞪口呆。

瀰漫性大 B 細胞淋巴癌的癌細胞在抹片下非常顯眼，其特點就是一字記之曰——大。一般淋巴球的大小接近一顆紅血球，但瀰漫性大 B 細胞淋巴癌的癌細胞可以大至五顆紅血球，這樣才可以襯托得起其高級別淋巴癌的威名。除此之外，它的細胞核不規則，細胞質較藍，偶爾有液泡（圖 3.6.3）。

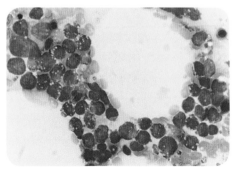

圖 3.6.3 瀰漫性大 B 細胞淋巴癌病人的骨髓抽吸抹片

　　瀰漫性大B細胞淋巴癌的傳統第一線療法是R-CHOP化療組合，包含了標靶藥利妥昔單抗、環磷酰胺、阿黴素（hydroxydaunorubicin，又名doxorubicin）、長春新鹼及類固醇潑尼松龍（prednisolone）。雖然瀰漫性大B細胞淋巴癌來勢洶洶，但由於癌細胞生長速度很快，所以反而對化癌藥物很敏感，可以說是「生得快，死得快」。

伯奇氏淋巴癌

　　圖3.6.4的骨髓環鋸活檢（trephine biopsy）染片有一大片瀰漫的紫色細胞海，而中間白色的一點點，就像黑夜下的點點繁星。只要加點想像力，它簡直像是梵高筆下的星夜。這個現象有一個優美的名稱——「星空像」（starry sky appearance）。

　　這個浪漫名稱的背後卻是一個可怕的疾病——伯奇氏淋巴癌（Burkitt lymphoma）。它是一種高度惡性的淋巴癌，而且癌細胞增長速度極快，所以往往會在侵佔的組織中形成瀰漫一片的細胞

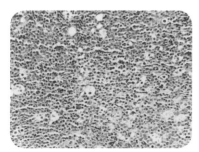

圖3.6.4 呈「星空像」的骨髓環鋸活檢片

圖3.6.5 伯奇氏淋巴癌病人的骨髓抽吸抹片

海。而這些細胞生得快也死得快（但增長速度較快），巨噬細胞把這些細胞殘骸吃掉，我們稱之為「可染體巨噬細胞」（tingible body macrophage）。在製作染片的過程中，「可染體巨噬細胞」的細胞質被除去，變成白色的一點點，於是就成了細胞海中的「星星」。

在抹片下，伯奇氏淋巴癌的癌細胞大小屬中形，有極度深藍的細胞質（在血液學中，深藍的東西都是可怕且令人討厭），而且有液泡（圖 3.6.5）。

伯奇氏淋巴癌生成的機制是第 8 條與第 14 條染色體易位，令到 MYC 與 IGH 基因組易位，癌細胞就會異常地增生。

伯奇氏淋巴癌分三大類。第一類叫地方性流行伯奇氏淋巴癌（endemic Burkitt lymphoma），在非洲人中最常見，並與艾伯斯坦 – 巴爾病毒（Epstein–Barr virus）有密切關係，常影響頜部。第二類叫偶發性伯奇氏淋巴癌（sporadic Burkitt lymphoma），較常影響腸臟。最後一種叫免疫力缺乏相關伯奇氏淋巴癌（immunodeficiency-associated Burkitt lymphoma），顧名思義就是由免疫力缺乏引起的，例如愛滋病毒感染或者移植後服食免疫力抑制藥物。

伯奇氏淋巴癌症的病徵包括淋巴結腫脹、肝脾腫脹、B 症狀（發燒、體重下降、食慾不振）及骨髓功能障礙。地方性流行伯奇氏淋巴癌患者常有頜部及臉部腫脹。偶發性伯奇氏淋巴癌及免

疫力缺乏相關伯奇氏淋巴癌則較常入侵腸臟，並引起腹部腫脹。治療方法是利用非常猛烈的化療藥物組合。

濾泡性淋巴癌

圖 3.6.6 的周邊血液抹片顯示的是濾泡性淋巴癌（follicular lymphoma）的癌細胞。濾泡性淋巴癌的細胞很特別，細胞核就像是個薄餅被鎅了一刀，一分為二，令人一見難忘。

濾泡性淋巴癌是 B 細胞淋巴癌，它的「祖先」是淋巴結生發中心（germinal centre）中的中心細胞（centrocyte），它們在顯微鏡下都有這種細胞核被鎅開的「薄餅」模樣，所以演化出來的癌細胞都仍然帶有這外觀。

濾泡性淋巴癌大多都是由第 14 條與第 18 條染色體易位，交換了物質，令 BCL2 及 IgH 基因組易位而引起的。BCL2 是一條防止細胞凋亡的基因，當 IgH 基因組與 BCL2 靠近，就會令 BCL2 基因變得非常活潑，令淋巴細胞減少細胞凋亡，也就是變成「長生不死」，於是它們不斷生長，變成癌症。

濾泡性淋巴癌的病徵包括淋巴結腫脹、肝脾腫脹、B 症狀（發燒、體重下降、食慾不振）、骨髓功能障礙引起貧血、流血、感染及自身免疫系統症狀等。治療的方法是利用化療，最常用的傳統化療方案是之前介紹過的 R-CHOP。但近年也出現了另一種有效

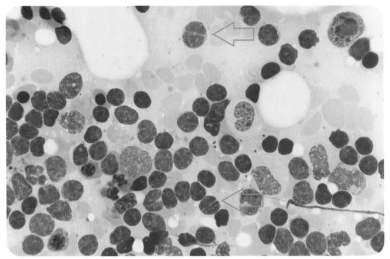
圖 3.6.6 濾泡性淋巴癌病人的骨髓抽吸抹片

且毒性較低的化療藥物——苯達莫司汀（bendamustine）。苯達
莫司汀加上利妥昔單抗標靶藥物組合（簡稱BR）對濾泡性淋巴癌
病人的效果理想。

淋巴漿細胞性淋巴癌

　　淋巴漿細胞性淋巴癌（lymphoplasmacytic lymphoma）
是一種很特別的低等級B細胞淋巴癌，雖然它會如大部分的
低等級淋巴癌，引起淋巴結腫脹、肝脾腫脹、B症狀或骨髓功
能受損，但淋巴漿細胞性淋巴癌的癌細胞可以製造IgM副蛋
白（paraprotein）。淋巴漿細胞性淋巴癌能產生極高IgM副蛋
白，高得可以引起高黏滯血症（hyperviscosity syndrome）

的可怕疾病。當淋巴漿細胞性淋巴癌伴隨著IgM副蛋白一起出現，這個情況又被稱為華氏巨球蛋白血症（Waldenström macroglobinaemia）。

顧名思義，高黏滯血症是由於血液黏度很高所引起的。我們身體的抗體蛋白分成五種，其中IgM蛋白有一個「五角星」的形狀，較其他抗體蛋白大，所以可以更有效地增加血液的黏度，當它超過50g/L，就有可能引起高黏滯血症。高血液黏度會影響腦部與神經的血液供應，引起頭痛、視力模糊及其他神經系統症狀。另外，高血液抗體蛋白也可以影響凝血因子，引起流血症狀。高黏滯血症是一個很緊急的情況。病人必須立即接受俗稱「洗血」的血漿分離術（plasmapheresis），把血液中的抗體蛋白洗走。

毛細胞白血病

不知道大家有否看過《壞蛋獎門人2》（Despicable Me 2）？當中的迷你兵團（minions）被注射了特製的藥水後，就會變成蓬頭散髮、破壞力驚人的紫色邪惡迷你兵團。

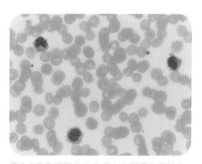

圖 3.6.7 毛細胞白血病病人的周邊血液抹片

其實有一種血液癌細胞樣貌都與邪惡迷你兵團有點相似，它們比一般淋巴白血球為大，且與邪惡迷你兵團一樣都是紫色（細胞核）及蓬頭散髮的，而且兩者都愛到處破壞。大家留意一下圖3.6.7 細胞質的周圍，就可以見到一條條像是頭髮似的凸出物。這種細胞叫做毛細胞（hairy cell），可以在毛細胞白血病（hairy cell leukaemia）病人的血液及骨髓中找到。

　　毛細胞白血病病人一般會有貧血及低血小板，另外一個很特別的特徵是病人的單核白血球（monocyte）會減少。病人也會有脾臟腫大。

　　除了血液抹片的分別外，我們還可以透過免疫組織化學染色法（immunohistochemical staining）（TRAP 染料陽性）、流式細胞儀（CD11c、CD25、CD103、CD123 陽性）及 BRAF V600E 的基因檢查去診斷毛細胞白血病。

　　毛細胞白血病的治療方法是利用嘌呤類似物（purine analogue）化療藥物，如克拉屈濱（cladribine）或噴司他丁（pentostatin）。

被套細胞淋巴瘤

迷你兵團除了會變成紫色邪惡迷你兵團，另一個特徵就是他們似乎對屁股情有獨鍾。在《壞蛋獎門人》中，他們就試過用影印機不斷地印刷自己的屁股。到了《壞蛋獎門人2》，他們知道邀請犀利哥進入組織的領袖叫做楊屁股（Silas Ramsbottom）後就開始大笑不停。事實上，在血液病理學中，確實有一種「屁股細胞」（buttock cell），它們是被套細胞淋巴瘤（mantle cell lymphoma）的癌細胞。

這種細胞的細胞核凹了入去，就恍似屁股般。這種細胞一般都是中形大小，且有較「鬆」的染色質（圖3.6.8）。

被套細胞淋巴瘤是一種低級別B細胞淋巴瘤（low grade B cell lymphoma）。它的症狀包括淋巴腫大、肝脾腫大、骨髓功能障礙、發燒及體重下降等B症狀。雖然被套細胞淋巴瘤被分類為低級別，但其實它的病情可以很急很快，有點接近高級別的淋巴瘤。

高級別的淋巴瘤像傾巢盡出的千萬大軍，雖然攻勢又急又狠，但如果你成功抵擋了首波攻擊，敵軍之後大多難以為繼。高級別的淋巴瘤的症狀雖然嚴重，但仍有一定徹底治癒的機會。低級別的淋巴瘤就像是游擊隊，雖然很難對敵軍造成重大傷亡，但非常難徹底消滅，「野火燒不盡，春風吹又生」。低級別的淋巴瘤並不會快速地造成嚴重症狀，很多時候沒有症狀的病人甚至完全

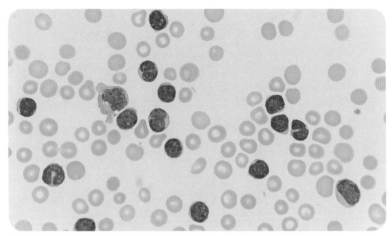

圖 3.6.8 被套細胞淋巴瘤病人的周邊血液抹片

不需要接受治療，但這疾病卻很難「斷尾」，即使用了化療藥物，假以時日，復發的機會還是很高。被套細胞淋巴瘤集合了兩者的壞處，症狀很猛，但又很難「斷尾」，復發機會高，是一種極為麻煩的淋巴癌。

血液小趣聞　　神憎鬼厭的深藍

深藍色與很多神憎鬼厭的事物相關。在血液學中，極度深藍的癌細胞大多是高度惡性的，除了剛介紹過的伯奇氏淋巴癌細胞外，純紅白血病（pure erythroid leukaemia）的癌細胞也是有極度深藍的細胞質的。

純紅白血病是一種非常罕見的白血病，屬於急性骨髓性白血病（acute myeloid leukaemia）的一種，在傳統的 FAB 分類法中，它屬於 M6 AML。

大家平常聽見的白血病大多都是由白血球不正常增生而引起的，但純紅白血病的癌細胞卻是紅血球的先驅細胞。那些極度深藍的癌細胞是原紅細胞（proerythroblast），屬於非常原始的紅血球先驅細胞。根據定義，純紅白血病的骨髓中含有超過 80% 的紅血球先驅細胞，其中超過 30% 是原紅細胞。患者的骨髓中常有其他異變的造血細胞。使用 E-鈣黏蛋白（E-cadherin）的免疫組織化學染色可以為骨髓中異常的原紅細胞染色，幫助診斷。

純紅白血病是一種極為惡毒、極為惡毒、極為惡毒的白血病（重要的東西要説三次）。醫學界到現時為止都沒有標準的療法，因為不論甚麼療法，效果都極差。患有純紅白血病的病人平均壽命只有三個月。

古埃及木乃伊的癌症

2018 年，西班牙格拉納達大學（University of Granada）的研究團隊在埃及阿斯旺（Aswan）亞斯文（Qubbet Al Hawa）的法老墓地中發現了一具很特別的木乃伊殘骸。團隊估計木乃伊已有 3,800 年的歷史，為了避免破壞這件非常具有歷史價值的木乃伊殘骸，他們利用電腦掃瞄的技術探測骸骨。令人驚訝的是，他們發現木乃伊的骨骼竟然出現了很特殊的病變，顯示該木乃伊在生前應該患上了一種可怕的血液癌症。

「超時空診斷」

當然，我們現在已經不可能得知他生前的病歷了。但我們不妨運用想像力，把時光倒流 3,800 年，為此埃及古人進行一次「超時空診斷」。

古埃及人認為人死後只要保存好原先的身體，就可以復活。他們會盡力保存先人的屍體，製成木乃伊。能夠成為木乃伊是一個高尚的榮耀，死者都是非富則貴。因此我們可以推斷這位埃及人生前是名貴族。但他死前慢慢出現骨痛，而且越演越烈，令他難以忍受。他的骨骼變得又弱又脆，輕輕的碰撞已經足以引起劇痛，甚至是骨折。另一邊廂，這名可憐的貴族身體越來越衰弱，

臉色蒼白，容易疲勞及氣促。他的抵抗力亦每況愈下，很容易受到感染而發燒。

古埃及的醫療設備簡陋，為了作一個更準確的「超時空診斷」，我們不妨想像一下把這名可憐的古埃及貴族帶到今天香港的醫院。醫生會為貴族抽血，並檢測到貧血，也可能發現腎功能受損及高血鈣（hypercalcaemia）。另外，他的血液中也含有副蛋白（paraprotein）。甚麼是副蛋白呢？我先賣個關子，容後再作介紹。

這名古埃及貴族的骨痛令他痛不欲生，醫生當然要為他安排X光檢查，驗一下骨骼。X光檢查也許會發現如圖 3.7.1 中的病變。這X光片顯示病人的顱骨，顱骨並不平滑，而且有一點點的暗黑，像被打孔機打了幾個洞一樣。

最後，要診斷血液癌症，當然少不了為古埃及貴族做一個骨髓檢查。我們會在他的骨髓抽吸抹片發現大量的異常細胞（圖3.7.2）。細胞的細胞質顏色偏藍，細胞核側了在細胞一邊，而且細胞核旁有一個淡色的部分。聰明的讀者也許會認出，這是漿細胞（plasma cell）。但它們比一般的漿細胞要大且形狀不規則，且偶爾會有很明顯的核仁（nucleolus）。

至此，我們的「超時空診斷」已經有結果了，古埃及貴族患上的是多發性骨髓瘤（multiple myeloma）。事實上，這具 3,800年歷史的木乃伊殘骸是其中一項歷史最悠久的人類癌症證據。

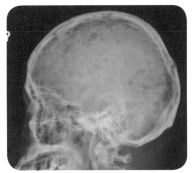

圖 3.7.1 古埃及貴族的顱骨 X 光片大概就是這樣子。

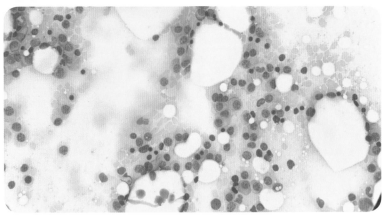

圖 3.7.2 古埃及貴族的骨髓抽吸抹片大概就是這樣子。

多發性骨髓瘤

　　一名血液學教授曾經説過，在眾多的血液科疾病中，他認為多發性骨髓瘤是最令人痛苦的。多發性骨髓瘤是一個慢性且非常難徹底根治的疾病，病人會不停地受著骨痛與骨折的痛楚，非常痛苦。

雖然多發性骨髓瘤存在已久，至少在古埃及時代已經出現，但直到 1844 年，醫學文獻才出現了第一個詳盡描述的多發性骨髓瘤案例。其中影響深遠的早期案例是一名叫麥比恩（Thomas Alexander McBean）的英國商人，他在 1844 年病發，出現疲倦及骨痛的症狀，病情反反覆覆，經歷了放血及其他各式各樣當年流行的療法後，最終於 1846 年過身。解剖檢查發現病人的肋骨又軟又脆，很易折斷，骨裡有啫喱狀的血紅色物質。把骨髓放在顯微鏡下，則發現一些比正常血細胞大一倍的細胞，這些細胞有一個顯眼的核仁。值得留意的是，當年還未有利用染料為細胞上色的技術，要分辨細胞比現在困難得多。

　　化學病理學的先驅本瓊（Henry Bence Jones, 1813–1873）研究過麥比恩的尿液樣本，他作了詳盡的化學分析，發現裡面含有一種特別的蛋白質，他提出使用這種蛋白質來診斷骨髓瘤，這種蛋白質後來被命名為本瓊蛋白（Bence Jones protein）。本瓊錯誤地以為那是白蛋白（albumin）的氧化物，後來人們才知道它其實是單株免疫球蛋白輕鏈（monoclonal immunoglobulin light chain）。

　　多發性骨髓瘤細胞所製造的單株抗體蛋白分幾種，輕鏈是其中一種。單株免疫球蛋白輕鏈可在尿液找到，其他的單株抗體蛋白則不會，所以本瓊蛋白只在輕鏈多發性骨髓瘤中出現。單株免疫球蛋白輕鏈與其他的副蛋白一樣，都會積聚在腎小管中，令腎功能受損。

著名的組織學家卡哈爾（Santiago Ramón y Cajal, 1852-1934）最先準確地形容漿細胞。1900 年，萊特（Wright JH）最先提出骨髓瘤可能是一種由癌變的漿細胞引起的腫瘤。五十至六十年代，免疫電泳（immunoelectrophoresis）及免疫固定法（immunofixation）等新技術陸續出現，令醫學界對免疫蛋白與骨髓瘤的關係有更深的認識。

　　經過多年的研究，醫學界已經對多發性骨髓瘤的生理學有更深入的了解。簡單來説，多發性骨髓瘤是一種由惡性的漿細胞過度增生而引起的血液癌症。漿細胞是一種負責製造抗體的細胞，是一種重要的免疫細胞，它由 B 淋巴細胞演化而成。

　　這些惡性的漿細胞會影響正常的骨髓造血功能，引起貧血。惡性漿細胞會入侵骨髓，激活蝕骨細胞（osteoclast），抑制成骨細胞（osteoblast），骨骼中的鈣因而流失到血液中，導致「溶骨性病變」（osteolytic bone lesion）。被骨髓瘤破壞的骨骼可謂脆弱不堪、一觸即破，患者常在沒有嚴重撞擊的情況下仍然出現骨折。除此以外，鈣流失血液中引起高血鈣症，常見症狀包括肌肉無力、噁心、腹痛、便秘，甚至是心律不正。另外，漿細胞本來是製造免疫球蛋白抗體的細胞，異常的漿細胞也會製造出大量單株抗體蛋白。副蛋白其實就是這些單株抗體蛋白。它們會積聚在腎小管中，令腎功能受損。

為了方便記憶，我們便將多發性骨髓瘤四大症狀的首個英文字母組合，把這幾個症狀統稱為「蟹症狀」（CRAB symptom）：

C 代表 calcium，即高血鈣
R 代表 renal impairment，即腎功能受損
A 代表 anaemia，即貧血
B 代表 bone lesion，即骨骼病變

　　在古埃及時代，多發性骨髓瘤當然是不治之症，貴族會在漫長的骨痛痛楚下死去。到了化療藥物誕生後，多發性骨髓瘤總算有藥可治了，不過傳統療法副作用大，效果也不算好。幸好我們現在有不少新藥物可用，如沙利度胺（thalidomide）及硼替佐米（bortezomib），令多發性骨髓瘤病人的存活率大大提高。

血液小趣聞　　"Smouldering"

初期的多發性骨髓瘤不一定會出現症狀，無症狀的多發性骨髓瘤叫做 smouldering myeloma。

想當年讀醫的時候，一位血液學教授除了熱衷於血液學外，更對英文情有獨鍾，時常與學生討論英文問題。有一次，他問學生知不知道 smouldering myeloma 中「smouldering」這個英文字的意思。

後來他解釋，「smouldering」這個英文字是指悶燃，即類似用來拜神的香或快要熄的煙頭，隱隱地弱弱地燃燒。有些中文的文獻亦把 smouldering myeloma 翻譯成燜燃型骨髓瘤。醫學學者用了悶燃來比喻沒有症狀的骨髓瘤，可謂非常貼切。

其實在近期非常流行的 Marvel 電影系列中都有出現過「smouldering」這個字。在《雷神奇俠3：諸神黃昏》中，有一幕是雷神與變型俠醫互相鬥嘴，取笑對方。當時變型俠醫説「Hulk like fire, Thor like water.」，雷神回應「No, kind of both like fire.」，變型俠醫卻回敬了一句「Hulk like real fire. Hulk like raging fire. Thor like smouldering fire.」代表自己是猛烈地燃燒的火焰，雷神卻只是在悶燃的火焰，非常幽默好笑。

3.8 福爾摩斯的放大鏡

　　人們常說，醫生就像偵探，需要觀察入微，再抽絲剝繭，從微細的線索中找出病因。但無論多厲害的偵探，都需要輔助工具！提起厲害的偵探，最先在大家腦海中想起的人大概是福爾摩斯吧，不過即使心思細密如福爾摩斯，都需要一副放大鏡去幫他找尋線索。

　　在血液學的領域中，血液癌症是最複雜的疾病。它們的種類很多，五花八門，令人眼花撩亂。我們在之前的章節中探討過幾款基本的常見的血液癌症，相信已經令你們看得頭昏腦脹了。幸好診斷科技日新月異，現代的血液學化驗室已經有很多不同的技術幫助醫生作出診斷。如果說醫生就像偵探，那麼各種化驗技術就如福爾摩斯的放大鏡，可以幫助醫生找尋線索，推斷病因。

　　我經常強調，顯微鏡是血液學醫生的最佳拍檔。很多時候，醫生單單從周邊血液抹片或骨髓抽吸抹片已經可以得出大量有用的線索幫助診斷。但狡猾的癌細胞可不會這麼輕易就範，它們非常善於隱藏身份。因此癌細胞的形態大都很相似，例如不同急性白血病中的母細胞或不同淋巴增殖性疾病中的異常淋巴細胞就常常非常相似，很難單靠顯微鏡分辨它們。這時「福爾摩斯的放大鏡」就大派用場了。

細胞化學染色

當遇到懷疑急性白血病時，醫生往往會利用細胞化學染色（cytochemical staining）的方法去診斷及幫助分類。細胞化學，顧名思義就是檢查細胞裡的化學成分。回顧一下，急性白血病可以分為急性骨髓性白血病（AML）及急性淋巴性白血病（ALL）兩大類。在 AML 中，癌變的母細胞屬於骨髓母細胞，在 ALL 中，癌變的母細胞則是屬於淋巴母細胞。

骨髓母細胞裡含有一種叫髓過氧化物酶（myeloperoxidase，簡稱 MPO）的酶，這是一種用於攻擊細菌的酶。因為骨髓母細胞是嗜中性白血球的「祖先」，成熟的嗜中性白血球就正正需要用到這種酶來發揮它的抗菌作用。科學家卻想到利用這種酶來做「身份辨別」的工具。MPO 染料可以為 MPO 上色，所以如果能被 MPO 染料上色的母細胞就是骨髓母細胞，是 AML 的癌細胞（圖 3.8.1）。相反，不能被 MPO 染料上色的母細胞就可能是淋巴母細胞，是 ALL 的癌細胞。

另一種常用的細胞化學染料是蘇丹黑 B（Sudan Black B，簡稱 SBB）。蘇丹黑 B 屬於脂溶性染料，可以溶解於細胞質內的含脂結構，令骨髓母細胞中含脂的顆粒出現棕黑或深黑色。同樣地，蘇丹黑 B 染料大部分情況下都只會令骨髓母細胞上色，而不會令淋巴母細胞上色，所以母細胞的蘇丹黑 B 測試呈陽性一般都代表 AML。

免疫組織化學染色

　　除了細胞化學染色，化驗師還會用另一種的染色法幫助診斷血液癌症，它就是免疫組織化學染色（immunohistochemical staining）。雖然兩種方法都是染色法，但它們的原理可是大不相同。細胞化學染色檢查利用化學作用檢查細胞裡的化學成分，免疫組織化學染色檢查卻是用免疫學的方法偵測細胞中的抗原。大家都知道，抗體可以與特定的抗原結合。於是科學家就利用了這特性，把抗體與可以製造顏色的酶結合。化驗師會把這種特別設計的免疫組織化學染色劑用於骨髓環鋸活檢樣本中，當細胞中有相關的抗原，抗體就會與它結合，令細胞上色。

　　就以圖片 3.8.2 的骨髓環鋸活檢樣本為例，這樣本用了免疫組織化學染色法為 CD138 上色。樣本中大量細胞都上了色，顯示細胞都有 CD138 抗原。CD138 是漿細胞的標記，原來這些細胞是漿細胞，醫生便可以推斷病人得的是多發性骨髓瘤。

流式細胞技術

　　免疫法是血液學中不可多得的好幫手，然而它只可以應用於骨髓環鋸活檢樣本中，假如我們只有血液或骨髓抽吸樣本，就使用不到這種強大的技術了。不要緊，已故武術大師李小龍就曾提出過「Be water」的概念，指出不斷流動才是哲學上的最高境界，而以下將要介紹的化驗技術可以說是把這個概念發揚光大。它就是流式細胞技術（flow cytometry）。

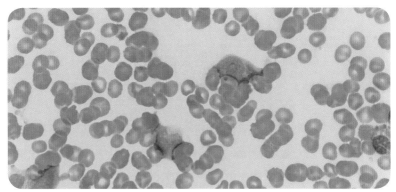

圖 3.8.1 被 MPO 上色的急性骨髓性白血病癌細胞

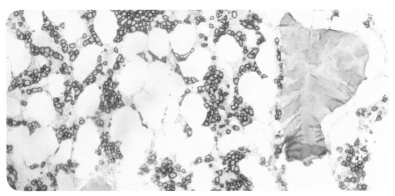

圖 3.8.2 被 CD138 上色的多發性骨髓瘤癌細胞

　　流式細胞技術簡單來說就是利用雷射去檢測細胞的特性，雷射是現代科學技術中必不可少的工具，其功用當然不止於用作「攻擊性武器」雷射槍去燒著報紙吧！事實上，它於工業、通訊、科學及醫學等多個領域都有很多的應用。2018 年的諾貝爾物理學獎——科學界成就的最高指標——也都是頒給了三位研究雷射技術的科學家，可想而知這是一個多麼重要的技術呢。

　　流式細胞儀分為三個主要部分，分別是液流系統、光學系統及電腦系統。

　　液流系統會利用流體力學的方法把液體樣本中的細胞排成單行，一粒一粒地穿過雷射，好讓電腦系統可以一粒一粒地分析細胞的特性。

　　光學系統是流式細胞儀的核心部分，它發射雷射穿過細胞，然後透過細胞散射出的光分析細胞的特性。細胞越大，散射向前方的光就會越強，我們稱之為前向散射（forward scatter）。至於散射向側面的光則取決於細胞內部結構的複雜程度，我們稱之為側向散射（side scatter）。舉個例子，單核細胞是白血球中最大的，所以在被雷射照射後產生的前向散射會最強。又例如嗜中性白血的細胞核分成多節，而且細胞質中有很多顆粒，它的內部結構是眾多白血球中最複雜的，所以它在被雷射照射後產生的側向散射比其他白血球要強。

　　單是偵測技術散射這個技術本身已經很厲害，但如果再配上特製的帶有螢光染料的抗體，那就更加是如虎添翼了。

　　每種細胞上都有獨特的抗原標記，如 B 淋巴細胞有 CD19、CD20、CD22 等，T 淋巴細胞有 CD3、CD2、CD5、CD7 等。這就好像醫生有白袍與醫生工作證，護士有護士工作服與護士工作證。只要知道細胞上的抗原標記，醫生就可以知道細胞的真正身份。當然，有一些惡性癌細胞，也會出現異常的抗原標記，這就彷彿像某些職業的人士沒有委任證一樣。

帶有螢光染料的抗體能夠與特定的抗原結合。當細胞接觸到流式細胞儀發射的雷射，染料中的電子就會被激活，令電子去到較高的能量狀態，然後當電子從高的能量狀態回到低的能量狀態，多出來的能量以光的形式釋出。不同的染料會釋出不同波長的光。所以儀器只要分析光的波長，就可以得知細胞上有沒有特定的抗原標記。

最後，電腦系統會把所有資訊整理好，製作成圖表，醫生就可以透過這些圖表分析細胞的特性，從而作出診斷。

流式細胞技術在診斷急性白血病及慢性淋巴增殖性疾病時最為有用，因為不同急性白血病中的母細胞形態非常相似，同樣地，不同慢性淋巴增殖性疾病中的異常淋巴細胞也甚為相似，我們很難純粹利用顯微鏡下的細胞形態去分辨它們。這時候，流式細胞技術就可以幫助醫生排憂解困。除了血液癌症外，流式細胞技術也可以用來診斷陣發性夜間血紅素尿症（paroxysmal nocturnal haemoglobinuria，簡稱 PNH）及遺傳性球形紅細胞增多症（hereditary spherocytosis）等其他血液科疾病。

細胞遺傳學

之前介紹的幾種化驗技術都是檢查細胞的外在特性。但隨著遺傳學技術的進步，醫生現在已經可以直搗黃龍，直接檢測真正控制細胞的中央主宰——遺傳物質。

　　歷史上最先發展起來的遺傳學技術是染色體的檢查，也就是細胞遺傳學（cytogenetics）。

　　染色體是遺傳物質的載體，位於細胞核之內，而且它只會在細胞分裂的特定時刻顯現出來，因此化驗師從平常的抹片中並不會見到染色體。要觀察到染色體，就需要利用特殊的方法去處理細胞。一般的做法是先把細胞放進培養液中，在適當的溫度及二氧化碳濃度中培養細胞，有部分細胞在這環境下會進行有絲分裂（mitosis）。有絲分裂有幾個時期，染色體在分裂中期（metaphase）中最為明顯，化驗師的目標就是令盡量多的細胞進入有絲分裂的分裂中期，然後加入秋水仙酰胺（colcemid）去中斷細胞分裂，因為染色體在這個時間是最顯然易見的。秋水仙酰胺可以抑制微管（microtubule）的裝配，這是細胞進行有絲分裂的重要結構。因此秋水仙酰胺可以用作有絲分裂的抑制劑，把分裂中的細胞靜止在分裂中期。下一步是利用卡諾依溶液（Carnoy's solution）與氯化鉀（potassium chloride）溶液處理。卡諾依溶液可以溶解紅血球及滲透白血球的細胞膜，而氯化鉀溶液可以令染色體脹大，讓我們更容易觀察。

　　之後，化驗師需要把細胞滴在抹片上，再利用胰蛋白酶（trypsin）處理。染色體不同部分的 DNA 有不同的鹼基成分，有的包含較多腺嘌呤（adenine）與胸腺嘧（thymidine），有的包含較多胞嘧啶（cytosine）與鳥嘌呤（guanine）。胰蛋白酶對不同的部分可以作不同程度的消化，最後再用吉姆沙染色劑（Giemsa stain）為抹片染色，就可以讓化驗師看到染色體中不同的條紋，

每條染色體都有其獨特的條紋。在這技術出現之前，科學家很難分得清每一條染色體，他們只可以把差不多大小的染色體歸成同一組，由大至小分別是 A 組至 G 組。

　　細胞遺傳學檢查可以幫助醫生作出診斷，並可以預測預後，甚至影響治療。

　　我們之前就曾經探討過幾種與特定的染色體變異相關的血液癌症，例如慢性骨髓性白血病（CML）與 t(9;22)(q34;q11.2) 相關，急性前骨髓細胞性白血病（APL）與 t(15;17)(q22;q12) 相關，只要見到這些染色體變異，醫生已經可以很有信心地作出診斷。有時候，即使是同一款的癌症，只要它所包含的染色體變異有所不同，已經可以大大影響到疾病的特性。如 t(8;21)(q22;q22) 的 AML 較為溫和，病人對化療的反應較好，復發機會也較低，相反，若果 AML 細胞包含 inv(3)(q21q26) 或 t(6;9)(p23;q34) 等異變，病人的病情就相當不樂觀了，此種 AML 對化療的反應較差，復發機會也較高。遇上較高危的後者，醫生常會為病人安排骨髓移植，以增加病人存活的機會。

　　除了傳統的細胞遺傳學檢查外，近年又興起了新的螢光原位雜交（fluorescent in situ hybridization，簡稱 FISH）來分析染色體的變異。FISH 這個簡稱很容易引起聯想，行內人有時候直接戲稱這檢查為「魚」。有一位很卓越的細胞遺傳學家曾經跟我分享過一件趣事，話説他是一位 FISH 技術的專家，有一次他卻收到一封電郵邀請他去審批一篇魚類研究的文章，以刊登在魚類研究的期

刊中。這位細胞遺傳學家一直從事人類細胞遺傳學的工作，從來沒有接觸過魚類的研究，他百思不得其解，也許是期刊的編輯見過他的工作，卻把 FISH 誤以為是真的魚類吧。

原位雜交技術始於 1969 年耶魯大學，最原始的技術是利用同位素標記核酸探針，到了八十年代出現了螢光染料探針，令這個技術變得更加安全，且功能越來越多。

FISH 的原理是利用與目標核酸互補的單鏈核酸為探針，這些單鏈核酸帶有螢光標記，會與目標核酸結合。透過使用不同顏色的螢光標記，就可以偵測到染色體的變化。

舉個例子，圖 3.8.3 中細胞上有點點螢光，恍似寶石一般，閃閃發亮。細胞在螢光的點綴下，看起來像是《復仇者聯盟》中魁

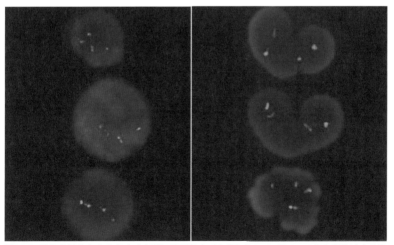

圖 3.8.3 慢性骨髓性白血病病人（左圖）與正常人（右圖）的 BCR 與 ABL1 螢光原位雜交結果

隆的無限手套，其實它是 CML 細胞進行 FISH 檢查的結果。CML
是由染色體易位而引起的。ABL1 基因位於染色體 9q34 的位置，
而 BCR 則位於 22q11.2 的位置，如果這兩條染色體出現易位，就
會令到這兩條基因融合，細胞會異常生長。螢光原位雜交技術可
以幫醫生偵測到這個染色體變化，橙色螢光標記的探針會與 ABL1
基因結合，綠色螢光標記的探針會與 BCR 基因結合。正常人各有
一對分開的 BCR 與 ABL1 基因（圖 3.8.3 右圖），所以細胞內應有
兩個橙色螢光點與兩個綠色螢光點。但在染色體易位後，螢光標
記斷開，橙色與綠色螢光點結合成黃色的融合螢光點。最後就變
成一個橙色螢光點、一個綠色螢光點與兩個融合了的螢光點（圖
3.8.3 左圖）。

分子遺傳學

最後，請容我花一點時間簡單地介紹一下分子遺傳學
（molecular genetics）的化驗技術。

分子遺傳學與細胞遺傳學有何分別呢？明明我們已經可以偵
測到染色體的異常，為何還需要分子遺傳學檢查呢？初接觸遺傳
學的人常有這些疑問。

其實細胞遺傳學針對的是染色體，分子遺傳學針對的是基因
上的核苷酸（nucleotide）。打個比喻，我們可以把染色體想像成
書本。一個書櫃中有 23 套書，每套 2 本，共 46 本。假如書本釘

210　血液狂想曲 1

裝出現了嚴重的錯誤，例如某本書的後半釘錯了在另一本上，那麼其中一本書薄了很多，另一本則厚了很多。這些錯誤我們單靠粗略觀察一下這 23 套書已經可以發現，就如細胞遺傳學的技術。

但假如書本中的其中一個字母印錯了呢？這當然不能單靠粗略觀察書本而偵測到。基因上的核苷酸就如書本中的字母，核苷酸編寫了 DNA 的密碼，即使一個小小的突變都可以大大影響細胞的運作。要閱讀到這些 DNA 上「字母」的錯誤，就需要用到分子遺傳學技術了。

分子遺傳學技術非常複雜，變化多端，不過基本上原理萬變不離其宗，都是聚合酶連鎖反應（polymerase chain reaction，簡稱 PCR）與桑格定序（Sanger sequencing）的衍生技術。大家可以把 PCR 想像成書本的影印機，桑格定序想像成字母的閱讀工具。由於篇幅所限，史丹福就不在此作詳盡介紹了。

桑格的方法每次最多可以定序約 1,000 個鹼基（你可以想像為閱讀 1,000 個字母），這大約是一條基因的大小。如果遇到較大的基因，也可以分開幾次定序，只是可能要花多一點時間。但如果我們希望為大量的基因定序，便不能單靠傳統的桑格定序了。幸好，一項革命性的科技成功扭轉了這個局面。這項技術有一個很壯麗的名稱，叫做「次世代定序」（next generation sequencing，簡稱 NGS）。

要知道次世代定序有多厲害，讓我跟大家分享一些驚人的數字。2003 年人類基因體完整定序圖譜完成，共用了 13 年的時間和 27 億美元的費用，定序了一組基因體序列共 30 億個鹼基。到了今天，使用最新的次世代定序方法，完成一個人的基因體定序僅需 26 小時和 1,500 美元！那簡直是一個天與地的距離！

　　次世代定序對臨床醫學也帶來了翻天覆地的變化，令到「個人化醫學」（personalized medicine）不再是幻想。甚麼是「個人化醫學」呢？簡單些來說就是為每個病人都制定出獨一無二，最適合他們的療法。以 AML 為例，在過去醫生會用大致上相同的療法治療這個疾病，但現在我們已經知道至少四十多組基因是與這個疾病有關的（未來應該會繼續增多），如果我們可以知道每個病人這四十多組基因的狀態，我們理論上就可以更準確地預測病情，用一些可以針對特定基因的藥。但如果用傳統的桑格定序，要定出四十多組基因的序列，以一般醫院的資源來說簡直是癡人說夢。直到次世代定序的出現，醫生的這個願望即刻變得近在咫尺。

	診斷方法	部分可診斷的癌症
細胞化學染色	利用細胞化學染色，檢查細胞的化學成分	急性白血病
免疫組織化學染色	用免疫學方法偵測細胞中的抗原	急性白血病 淋巴癌及慢性淋巴增殖性疾病 多發性骨髓瘤
流式細胞技術	利用雷射去檢測細胞的特性	急性白血病 慢性淋巴增殖性疾病
細胞遺傳學	檢測遺傳物質	急性前骨髓細胞性白血病及其他急性白血病 慢性骨髓性白血病 淋巴癌及慢性淋巴增殖性疾病 骨髓異變綜合症 多發性骨髓瘤
分子遺傳學	檢測 DNA 的排序	急性白血病 慢性骨髓性白血病 骨髓增殖性腫瘤 淋巴漿細胞性淋巴癌 毛細胞白血病

表 3.8.1 診斷血液癌症的方法

中場休息

在三段抑揚頓挫、高低起伏的血液狂想曲樂章，大家探索過各種血液與造血系統的知識，又了解了很多紅血球疾病及血液腫瘤。大家都樂在其中嗎？

血液學的範圍很廣闊，紅血球疾病及血液腫瘤只是其中的一小部分。不過由於時間所限，在狂想曲音樂會的上半場，我們只能為大家獻上這三大樂章。

現在是中場休息的時間，請大家到演奏廳外面的休息區，隨便吃些茶點、喝口美酒、交際聊天，並與好友分享你對這場狂想曲的感想。

下半場的樂章將會介紹血液腫瘤的療法、凝血及輸血的知識。請大家在中場休息後準時返回座位，好好享受之後的演出。

參考資料

Bain BJ. *Blood cells: a practical guide*. Chichester: John Wiley & Sons; 2015.

Bain BJ, Clark DM, Wilkins BS. *Bone marrow pathology*. Hoboken: Wiley-Blackwell; 2019.

Kumar V, Abbas AK, Aster JC, Perkins JA. *Robbins basic pathology*. Philadelphia, PA: Elsevier; 2018.

Bain BJ, Bates I, Laffan MA, Lewis SM. *Dacie and Lewis practical haematology*. Philadelphia: Elsevier Limited; 2017.

Swerdlow SH, Campo E, Harris NL, Jaffe ES, Pileri S, Stein H, et al. *WHO classification of tumours of haematopoietic and lymphoid tissues*. Lyon: International Agency for Research on Cancer; 2017.

1.2 〈把血液放在顯微鏡下的巨人〉

Hajdu SI. A note from history: the discovery of blood cells. *Annals of Clinical & Laboratory Science*. 2003;33(2): 237–238.

Doyle D. William Hewson (1739–74): the father of haematology. *British Journal of Haematology*. 2006;133(4): 375–381.

Kay AB. Paul Ehrlich and the early history of granulocytes. *Microbiology Spectrum*. 2006;4(4).

1.3 〈走進血液細胞的工廠──骨髓〉

Dieu RL, Luckit J, Sundarasun M. Complications of trephine biopsy. *British Journal of Haematology*. 2003;121(6): 822.

Parapia LA. Trepanning or trephines: a history of bone marrow biopsy. *British Journal of Haematology*. 2007;139(1): 14–19.

Cooper B. The origins of bone marrow as the seedbed of our blood: from antiquity to the time of Osler. *Baylor University Medical Center Proceedings*. 2011;24(2): 115–118.

Bain BJ. Bone marrow biopsy morbidity and mortality. *British Journal of Haematology*. 2003;121(6): 949–951.

1.4〈神秘的脾臟〉

Wilkins BS. The spleen. *British Journal of Haematology*. 2002;117(2): 265–274.

1.5〈從蓋倫到哈維——血液循環〉

Aird WC. Discovery of the cardiovascular system: from Galen to William Harvey. *Journal of Thrombosis and Haemostasis*. 2011;9: 118–129.

2.2〈鐵與血〉

Ganz T. Systemic iron homeostasis. *Physiological Reviews*. 2013;93(4): 1721–1741.

2.3〈紅血球的教父——佩魯茨〉

Henderson R. Max Perutz (1914–2002). *Cell*. 2002;109(1): 13–16.

Weatherall DJ. The role of the inherited disorders of hemoglobin, the first "molecular diseases," in the future of human genetics. *Annual Review of Genomics and Human Genetics*. 2013;14(1): 1–24.

Rhodes D. Climbing mountains. *EMBO reports*. 2002;3(5): 393–395.

2.4 〈都是瘧疾的錯（上）──鐮刀型細胞疾病〉

Pinto VM, Balocco M, Quintino S, Forni GL. Sickle cell disease: a review for the internist. *Internal and Emergency Medicine*. 2019May;14(7): 1051–1064.

Sickle cell disease. *Nature Reviews Disease Primers*. 2018;4(1).

2.5 〈都是瘧疾的錯（下）──地中海貧血症〉

α-thalassemia and protection from malaria. *PLoS Medicine*. 2006;3(5).

2.6 〈惡性貧血與吃肝療法〉

Chanarin I. A history of pernicious anaemia. *British Journal of Haematology*. 2008;111(2): 407–415.

2.7 〈紅血球眾生相〉

Lange Y, Steck TL. Mechanism of red blood cell acanthocytosis and echinocytosis in vivo. *The Journal of Membrane Biology*. 1983;77(2): 153–159.

2.8 〈紅血球是不是越多越好？〉

Jelkmann W. Erythropoietin after a century of research: younger than ever. *European Journal of Haematology*. 2007;78(3): 183–205.

2.9 〈「放血療法」的前世今生〉

Parapia LA. History of bloodletting by phlebotomy. *British Journal of Haematology*. 2008;143: 490–495.

Assi TB, Baz E. Current applications of therapeutic phlebotomy. *Blood Transfusion*. 2014;12(Suppl 1): s75–s83.

2.10 〈冰冷入血〉

Slemp SN, Davisson SM, Slayten J, Cipkala DA, Waxman DA. Two case studies and a review of paroxysmal cold hemoglobinuria. *Laboratory Medicine*. 2014; 45: 253–258.

Berentsen S. How I manage cold agglutinin disease. *British Journal of Haematology*. 2011; 153: 309–317.

Muchtar E, Magen H, Gertz MA. How I treat cryoglobulinemia. *Blood*. 2016; 129: 289–298.

2.11 〈世上最昂貴的藥物〉

Dubois EA, Cohen AF. Eculizumab. *British Journal of Clinical Pharmacology*. 2009;68(3): 318–319.

Brodsky RA. Paroxysmal nocturnal hemoglobinuria. *Blood*. 2014;124(18): 2804–2811.

Brodsky RA, Young NS, Antonioli E, et al. Multicenter phase 3 study of the complement inhibitor eculizumab for the treatment of patients with paroxysmal nocturnal hemoglobinuria. *Blood*. 2008;111(4): 1840–1847.

2.12 〈令喬治三世發瘋的罪魁禍首〉

Macalpine I, Hunter R. The 'insanity' of King George III: a classic case of porphyria. *British Medical Jorunal*. 1966;1: 65–71.

Peters T. King George III, bipolar disorder, porphyria and lessons for historians. *Clinical Medicine (London)*. 2011;11(3): 261–264.

Stein PE, Badminton MN, Rees DC. Update review of the acute porphyrias. *British Journal of Haematology*. 2017;176(4): 527–538.

3.2〈從《藍色生死戀》說起〉

Estey EH. Acute myeloid leukemia: 2019 update on risk-stratification and management. *American Journal of Hematology*. 2018;93(10): 1267–1291.

3.3〈砒霜入藥〉

Rao Y, Li R, Zhang D. A drug from poison: how the therapeutic effect of arsenic trioxide on acute promyelocytic leukemia was discovered. *Science China Life Sciences*. 2013Jun;56(6): 495–502.

Lo-Coco F, Cicconi L. History of acute promyelocytic leukemia: a tale of endless revolution. *Mediterranean Journal of Hematology and Infectious Diseases*. 2011;3(1).

Thomas, X. Acute promyelocytic leukemia: a history over 60 years—from the most malignant to the most curable form of acute leukemia. *Oncology and Therapy*. 2019;7: 33–65.

3.4〈費城染色體的傳奇〉

Nowell PC. Discovery of the Philadelphia chromosome: a personal perspective. *Journal of Clinical Investigation*. 2007;117(8): 2033–2035.

Goldman JM. Chronic myeloid leukemia: a historical perspective. *Seminars in Hematology*. 2010;47(4): 302–11.

3.5〈畸形的細胞〉

Steensma DP. Historical perspectives on myelodysplastic syndromes. *Leukemia Research*. 2012;36(12): 1441–1452.

Vardiman J. The classification of MDS: from FAB to WHO and beyond. *Leukemia Research*. 2012;36(12): 1453–1458.

3.6〈漫談淋巴癌與淋巴增殖性疾病〉

Hallek M. Follicular lymphoma: 2020 update on diagnosis and management. *American Journal of Hematology*. 2019;94: 1266–1287.

Freedman A, Jacobsen E. Follicular lymphoma: 2020 update on diagnosis and management. *American Journal of Hematology*. 2020;95: 316–327.

Jain P, Wang M. Mantle cell lymphoma: 2019 update on the diagnosis, pathogenesis, prognostication, and management. *American Journal of Hematology*. 2019;94: 710–725.

Ansell SM. Hodgkin lymphoma: a 2020 update on diagnosis, risk-stratification, and management. *American Journal of Hematology*. 2020;95: 1–12.

Dimopoulos MA, Kastritis E. How I treat Waldenström macroglobulinemia. *Blood*. 2019;134(23): 2022–2035.

Maitre E, Cornet E, Troussard X. Hairy cell leukemia: 2020 update on diagnosis, risk stratification, and treatment. *American Journal of Hematology*. 2019;94: 1413–1422.

3.7〈古埃及木乃伊的癌症〉

Kyle RA. Multiple myeloma: an odyssey of discovery. *British Journal of Haematology*. 2000;111(4): 1035–1044.

3.8〈福爾摩斯的放大鏡〉

Ferguson-Smith MA. History and evolution of cytogenetics. *Molecular Cytogenetics*. 2015;8(1).

Taylor J, Xiao W, Abdel-Wahab O. Diagnosis and classification of hematologic malignancies on the basis of genetics. *Blood*. 2017;130(4): 410–423.

Goodwin S, Mcpherson JD, Mccombie WR. Coming of age: ten years of next-generation sequencing technologies. *Nature Reviews Genetics*. 2016;17(6): 333–351.

Voelkerding KV, Dames SA, Durtschi JD. Next-generation sequencing: from basic research to diagnostics. *Clinical Chemistry*. 2009;55(4): 641–658.

血液狂想曲 1
——走進血液的世界

作者	史丹福
總編輯	葉海旋
編輯	麥翠珏
助理編輯	葉柔柔
書籍設計	Karman
出版	花千樹出版有限公司
地址	九龍深水埗元州街 290-296 號 1104 室
電郵	info@arcadiapress.com.hk
網址	www.arcadiapress.com.hk
印刷	美雅印刷製本有限公司
初版	2020 年 7 月
ISBN	978-988-8484-67-6